국민과 함께라면

국민과 함께라면 든든한 軍

국회 군 인권개선 및 병영문화혁신 특별위원회 펴냄

Gong:Gam

프롤로그

한해의 마지막을 향해 달려가던 2014년 11월 10일, '군 인권개선 및 병영문화혁신 특별위원회'가 본격적인 활동을 시작한다. 윤 일병 집단폭행·사망 사건이 특위 출범의 직접적인 계기가 되었지만, 국민은 해당 사건을 우연히 발생한 일로 받아들이지 않았다. 그 내용도 내용이지만 21세기를 15년이나 지난 대한민국에 아직도 군대 내 가혹 행위라니…? 무언가 잘못돼도 단단히 잘못됐다는 공감대가 형성되었다. 국민은 국회를 바라보았고, 국회는 대답할 의무가 있었다. 이 책은 이 같은 국민적 요구에 응답하고자 '군 인권개선 및 병영문화혁신 특별위원회'를 이끌어 온 17명 위원의 264일간의 활동 기록이다. 또한, 대한민국 군대를 되도록 민낯 그대로 바라보며 동시에 그 안에서 해결책을 찾고자 노력한 흔적의 기록이다.

1장은 우리 군의 현주소를 여과 없이 바라보도록 노력했다. 속칭 '임 병장 사건'이라고 부르는 총기 사건과 '윤 일병 사건'이라고 부르는 집단폭행·사망사건을 통해 아프지만 인정해야 할 군대 내 폭력 문제를 직시했다. 해마다 늘고 있는 군대 내 성폭력 문제 또한 다루었다.

하지만 군대는 그저 사건·사고나 발생하는 곳, 젊음을 낭비하는 곳은 아니다. 2장에서는 군대가 우리 사회에서 갖는 의미와 왜 군대에서 폭력이 발생하는지를 생각해 보았다. 70~80년대 압축성장의 배경에는 군대식 효율성이 있었다. 반면 군대식 효율성의 뒷면에는 '억압'과 '폐쇄', '폭력'도 존재하였다. 시대의 변화에 따라가지는 못하지만 군은 하나둘 치유의 과정을 거치며 거친 군대가 아닌 강한 군대로 거듭나고 있다.

3장은 특위의 활동사를 구체적으로 담았다. 문제의 근본적인 원인을 찾고 쏟아지는 다양한 대책을 다듬어 예산이라는 옷을 입혔다.

우리 장병들과 국민의 목소리 역시 담아냈다. 부대로 찾아가 복무 중인 장병들을 만났고, 그들을 군에 보낸 어머니, 아버지들, 고무신이라 일컫는 장병들의 여자친구들까지 만나 그들의 목소리를 귀에 담았다.

멀리 이스라엘에서는 열악하기 그지없는 시설에서 일당백의 강군이 만들어지는 현장을 목격했고 영국에서는 다문화가정 자녀들의 입대, 그로 인해 발생하는 군대 내 융화 문제를 해결하는 방법을 발견했다. 두 나라의 군대를 보면서 우리 군의 미래도 보았다.

부록에는 특위가 도출한 권고안과 그에 대한 국방부의 수용 여부를 실었다. 9개월간의 특위활동을 마무리하며 특위 위원 인터뷰를 통해 회의장에서 다 풀지 못한 그들의 속마음도 엿봤다.

군의 문제는 군 내부와 국방부만이 아닌 총체적인 국가 사회적 문제이며 해결 방안은 군을 넘어 우리 사회가 바꿔어야 한다. 국민 모두가 적극적으로 나서서 문제의 원인을 찾고 함께 머리를 모을 때 비로소 우리는 미봉책이 아닌 근본적인 해결을 할 수 있다는 깨달음을 얻었다. 또한 군대는 어쩔 수 없이 가는 곳이 아니라 "누구나 가고 싶은 군대" 군대에 가면 "경쟁력이 생기는 군대"여야 한다는 숙제도 남았다.

국민들의 기대보다는 미흡할지도 모르지만 '의미 있는 첫 걸음이다.' 라는 생각으로 부디 열린 마음으로 읽어주기 바란다.

2015년 7월
군 인권개선 및 병영문화 특별위원회 위원장 정병국

CHAPTER 1
참으면 맞고, 못 참으면 때리고

1. '군인'이라는 대한민국 젊은이들의 숙명
- 병장이 왜? _14
- 또 다른 젊은이의 이야기 _18
- 참으면 맞고, 못 참으면 때리고 _22
  🎤 특위위원 핫! 인터뷰 – **도종환 위원**
- 또 다른 피해자들 _28
  🎤 특위위원 핫! 인터뷰 – **김광진 위원**

2. 국방의 의무는 신성한가?
- 훼손된 신성성 _34
- 군대, 죽었다고 생각하고 참아라 _38
- 기피대상 '군', 이대로 좋은가? _42
- 카투사 좋아요! 육군 싫어요! _45
  🎤 특위위원 핫! 인터뷰 – **백군기 위원**
  〈특위장 들여다보기〉 – 제4차 전체회의

3. 늘어나는 군대 내 성폭력
- 한 청년 장교의 이야기 _54
- 여군에 대한 성범죄 증가... 대책이 필요하다! _60
  🎤 여군 부사관 인터뷰 – **부사관학교** 상사
  🎤 특위위원 핫! 인터뷰 – **윤후덕 위원**
- 여군 1만 명 시대, 그러나 현실은... _68
  🎤 특위위원 핫! 인터뷰 – **남인순 위원**

CHAPTER 2
군대(軍隊)를 군대(軍大)로!

1. 어떤 나라
- '군대'와 '폭력', 돌고 도는 관계 _76
- '군대식'이라는 말 _82
- 압축 성장의 배경, 군대식 '효율성' _90
  🎤 특위위원 핫! 인터뷰 – **김종태** 위원
- 대한민국 산업화 이끈 군대문화 _96
  🎤 특위위원 핫! 인터뷰 – **이학영** 위원

2. 군대(軍隊)를 군대(軍大)로!
- "사람됐다"는 소리 들었던 군대 _104
- 군대, 꿈이 영그는 곳 _109
- 군인 정신은 강인한 '생활' 정신 _115
- 군대(軍隊)를 군대(軍大)로! _120
  〈특위장 들여다보기〉 – 제2차 전체회의
  🎤 특위위원 핫! 인터뷰 – **홍철호** 위원

3. 이제는 바꿔보자!
- 국민적 충격, 여야를 움직이다 _128
  🎤 특위위원 핫 인터뷰 – **정성호** 위원
- 병영문화혁신특별위원회 _134
  🎤 특위위원 핫 인터뷰 – **박명재** 위원

CHAPTER 3
특위가 간다!

1. 특위가 간다!
- 또 그 대책? _144
  〈특위장 들여다보기〉 - 제5차 전체회의
- 시급했던 문제, 예산에 대해서 _151
- 편하게만 해주면 사고가 안 나나요? _156
- 정답은 간단할 수 있다 - 병사자치제도 _162
  🎤 인터뷰 - 제17전투비행단 **박재우** 병사
  🎤 특위위원 핫! 인터뷰 - **이채익** 위원
- 군대에만 맡겨서는 안 된다 _172
  | 국방부, 보호 관심병사 지정 규정 |
  | 병영문화 개선을 위한 국민 대토론회 |

2. 문제는 교육이야! 이스라엘, 영국 사례 연구
- 방산 강국 이스라엘의 배경, '탈피온' _185
- 또 하나의 무기 '자율성'과 '소통' _190
  🎤 특위위원 핫! 인터뷰 - **신의진** 위원
- 이스라엘의 자살방지 프로그램 _198
  🎤 인터뷰 - **박수찬** 공군대령 (이스라엘 무관)
- 영국에서 배우는 우리군의 미래 _204

3. 책 읽는 군대가 강하다
- 왜 군대에서 책읽기인가? _208
- 전군~ 받들어~ 책!! _211
- 특위가 선물한 1호 카페 _216
  🎤 특위위원 핫! 인터뷰 - **황영철** 위원
- 노블리스 오블리제, 독서 카페 기증 _222
  | 병영매거진 HIM이 본 병영 독서카페 기증 릴레이 |
  🎤 특위위원 핫! 인터뷰 - **정병국** 위원장

4. 개혁은 쓰고 열매는 달다
- 어머니 마음, 고무신 마음 _252
  - 🎤 특위위원 핫 인터뷰 – **윤명희** 위원
- 일단 이것부터!! – 7대 과제 의결 _260
  - 🎤 특위위원 핫! 인터뷰 – **민홍철** 위원
- 머나먼 혁신 _274
  - 🎤 특위위원 핫! 인터뷰 – **김용남** 위원
  - 〈특위장 들여다 보기〉 – 제5차 전체회의

〈부록 1〉

군 인권개선 및 병영문화혁신 특별위원회 구성 및 활동 일지 • 286

1. 위원 구성
2. 직원 구성
3. 소위원회 구성
4. 전체회의 일지
5. 주요 현장 활동

군 인권개선 및 병영문화혁신 특별위원회 정책건의 및 향후과제(39개) • 294

〈부록 2〉

국방부 수용 일람 • 316

에필로그 • 362

CHAPTER **1**

참으면 맞고,
못 참으면 때리고

'군인'이라는 대한민국 젊은이들의 숙명

국방의 의무는 신성한가?

늘어나는 군대 내 성폭력

1

'군인'이라는 대한민국 젊은이들의 숙명

"1:1이면 그래도 잘 한 거야"

"내일 알제리전은 뭔가 다른 모습을 보여줄 수 있겠지?"

축구 국가대표팀의 브라질 월드컵 2차전을 하루 앞둔 지난해 6월 21일. 우리 국민은 남반구에서 들려올 승전보 소식을 애타게 기다리고 있었다. 월드컵 참가 이래 '좋아도 이렇게 좋을 수가 없다'는 대진표를 받아든 순간부터 이날까지 그렇게 월드컵 열기는 조금씩 절정을 향해 달려가고 있었다.

그러나, 마침 토요일이던 21일 늦은 밤, 내일의 승전보를 점치며

귀갓길을 재촉하던 시민과, 거실에 앉아 알제리전 분석 프로그램을 보던 국민들을 놀라게 한 것은 전혀 엉뚱한 것이었다.

"강원도 고성 GOP 총기난사"
"5명 사망…7명 부상"

TV 화면을 큼지막하게 채우기 시작한 속보 자막들은 국민을 경악하게 하기 충분했다. 북한군 소행인가? 아니면 누군가 오발사고를 일으킨 것인가? TV에 눈을 고정한 채 시시각각 쏟아져 들어오는 소식에 눈과 귀를 집중할 수밖에 없었다.

강원도 22사단 전방 GOP 총기난사 사건. 가해자의 성과 계급을 본 따 속칭 '임 병장 사건'이라 부르는 비극의 시작이었다.

병장이 왜?

자정을 넘어 일요일 아침이 밝아오면서 점차 사건의 실체가 뚜렷하게 모습을 드러냈다. 북한군이 아닌 우리 군 장병이 동료들을 향해 총기를 난사했고, 해당 병사는 K-2 소총과 실탄 60여 발을 갖고 도주했다는 것이다. 이른바 무장 탈영. 군은 즉각 진돗개 하나를 발령했다.

국방부가 밝힌 탈영병의 신원은 22살 육군 22사단 임 모 병장. TV방송사들은 앞다퉈 고성군 현장으로 중계차를 보냈다. 임 병장이 도주한 고성군 현내면은 흡사 CNN이 TV로 중계한 이라크 전장처럼 되어 버렸고, 매 순간 긴장과 공포의 공기가 TV 전파를 타고 전국으로 번져나갔다.

국방부가 파악한 경위는 이랬다. 21일 저녁 8시 15분경 GOP 경계근무를 마치고 생활관으로 돌아오던 임 병장은 후방 보급로 삼거리에서 같은 대열에 있던 동료들에게 수류탄 1발을 던지고 총격을 가한다. 이 자리에서 병사 세 명이 숨진다. 그리고 생활관으로 들어가 영문도 모르는 동료들에게 또 다시 총격을 가해 두 명이 더 목숨을 잃는다. 나중에 임 병장은 이렇게 한 이유에 대해 "총기 난사로 숨진 5명 가운데 4명은 아무 상관없는 사람이지만 한 명은 나를 괴롭힌 사람이었다"며 "나를 힘들게 한 사람들이 소초 생활관에 있었는데, 그곳에 가기 위해서는 앞에 있는 사람들을 제압할 수밖에 없었다"고 말했다.

 임 병장은 결국 자신을 좁혀오는 포위망을 뚫지 못한 채 한 초등학교 부근으로 몰렸다. 추적대 간 오인사격으로 두 명의 부상자가 더 나오기도 했다. 생명을 포기하지 말라는 부모의 간곡한 부탁에도 불구, 임 병장은 사건 발생 만 이틀째인 월요일 오후 두 시쯤 자신의 옆구리에 총을 쏴 자살을 시도하고 이내, 병원에 긴급 후송된다. 한 젊은이가 벌인 활극은 그렇게 끝났다.

 국민들은 '도대체 병장이 왜 그런 짓을 저질렀을까?' 궁금했다. 계급이 낮은 신병이라면 군에 대한 불만이나 적응 실패 정도로 지레짐작할 수 있지만 곧 있으면 제대할 병장이 왜 그런 극단의 선택을 했을까 하는 점이다. 임 병장은 제대를 석 달 앞두고 있었다.

 국방부는 임 병장이 이른바 '보호관심병사'였다고 밝혔다. 보호관심병사란 군 생활에 적응이 힘들거나 심리적으로 문제가 있어 특별히 관리하는 병사를 말하는 것으로 간단하게는 관심병사라고도 부른다. 군은 보호관심병사를 A,B,C 세 단계로 나누어 관리한다. A급은 가장 정도가 심한 특별관심 대상자로, B급은 중점 관리대상자로 지정하며 가장 정도가 낮은 C급은 기본관리대상으로 간주한다. A급 판정을 받은 병사는 전방 GOP 근무를 하지 못한다. 임 병장도 A급 관심병사였다. 중요한 것은 한때 그랬다는 것이다. 임 병장은 2013년 11월 실시한 두 번째 인성검사에서 B급 판정을 받아 GOP 근무가 가능할 것으로 판단됐다. 지난해 3월에 실시한 인성검사에서도 특별한 문제가 없었다. 하지만 불과 석 달 뒤 동료들에게 총기를 난사하는 엄청난 일을 저지르고 만다.

때문에 사회와 언론은 보호관심병사제도의 허점을 집중적으로 비난했고 보호관심병사제도의 실상이 언론에 노출되기 시작하면서 더 강한 여론의 뭇매를 맞기 시작했다. 하지만 과연 보호관심병사제도의 허점만이 문제였을까? 이런 식의 접근은 비극적인 사건의 모든 원인을 책임 소재도 불분명한 제도의 허점에만 국한시킬 위험이 있다. 특히 임 병장이 보호관심병사라는 것에만 집중하면 결국에는 모든 탓을 군생활에 적응하는 데 실패한 한 개인, 임 병장 그

한 명의 젊은이에게만 귀결시키는 중대한 오류를 범할 수 있다.

해를 넘긴 지난 2월 보통군사법원은 임 병장에게 법정최고형인 사형을 선고했다. 재판부는 "비무장 상태인 동료들을 대상으로 계획적으로 잔혹한 범행을 저질렀다"며 선고 이유를 밝혔다. 임 병장은 "후회가 된다"며 "모든 게 꿈이었으면 좋겠다"는 최후 진술을 남겼다.

90년대 이후 군 총기 사고 일지	
1993년 4월19일	서울 종로구 명륜동·혜화동 일대에서 육군 모부대 소속 탈영병 임모 일병 총기 난사하며 난동해 수명 부상.
1994년 10월31일	경기 양주군 황적면 육군 모부대 소속 문모 일병 사격장서 통제관들을 향해 K-2 소총 난사해 2명 사망, 수명 부상.
1996년 9월22일	강원도 양구군 동면 육군 모부대 김모 이병 취사장 및 내무반에 수류탄 2발 투척 후 소총 20여발 난사, 9명 중경상.
1996년 10월1일	강원 화천군 육군 모 부대 김모 상병, 중대 행정반에 총기난사 동료병사 3명 사망, 1명 중상.
1996년 12월22일	강원 강릉시 남포동 인근 아파트 상가 앞길에서 육군 모 부대 김모 대위 시민 향해 K-1 소총 난사, 1명 중상.
2005년 6월19일	경기 연천군 육군 모 부대 전방초소 내무반에서 김모 일병 수류탄 1발 투척 후 소총 난사, 8명 사망, 2명 중상.
2006년 8월10일	경기 가평군 현리 육군 모 부대에서 이모 이병 동료 병사 2명에게 실탄 발사, 1명 사망.
2011년 7월4일	인천 강화군 해병2사단 해안소초 생활관에서 김모 상병 K-2총기 난사 후 수류탄을 투척해 4명 사망, 2명 부상.
2014년 6월21일	강원 고성군 육군 모 부대 GOP 소초에서 임모 병장 K-2 소총 난사해 5명 사망, 5명 부상.

▲ 뉴시스 발췌. 2014. 6.21.

 **또 다른 젊은이의 이야기**

임 병장 사건의 여파가 채 가시기도 전인 7월 30일. 국내 한 지상파 방송은 또 한 번 온 국민을 충격의 도가니에 빠지게 할 소식을 전한다. 이번에는 경기도 연천의 한 전방 부대에서 의무병 선후임 간에 벌어진 사건으로 선임병들이 간식을 먹다 후임병을 집단 폭행해 결국 숨지게 만들었는데, 알고 보니 상상을 초월한 가혹행위가 있었다는 뉴스였다.

사실 이 사건은 이미 약 석 달 전인 4월 초 각 언론사를 통해서 알려졌던 것이었다. 한 해 1300건 정도 일어난다는 군내 폭행사고 가운데 하나이고, 한 명이 아닌 여러 명이 폭행했다는 데서 충격을 줬을 뿐, 뒤이은 세월호 사건에 묻히며 그렇게 세간의 관심에서 밀어지는 듯했다.

이런 때 언론이 전한 소식은 그저 단순한 사건이 아니라는 경종을 주기에 충분했다. 선임병들은 갓 전입 온 신병이었던 윤 모 일병을 새벽 3시까지 잠을 재우지 않고 기마자세를 취하게 하는가 하면, 1.5리터 물을 들이부으며 물고문을 가하고, 심지어 바닥에 뱉은 고참의 가래침까지 핥아 먹게 했다.

군인권센터는 긴급 브리핑을 열어 해당 사건의 전말을 공개한다. 폭행은 해당 사건의 피해자인 윤 모 일병이 자대 배치를 받은 3월 3일부터 시작됐다. 대답이 느리고 인상을 쓴다며 고참들은 윤 일병의 가슴을 때렸다. 앞으로 있을 온갖 폭행과 가혹행위의 전초일 뿐이었다.

가해자인 이 모 병장, 하 모 병장, 이 모 상병, 지 모 상병 등은 윤 일병이 대답을 잘 못하거나 걸음을 똑바로 걷지 않는다는 이유로 복부, 가슴, 턱 등 부위를 가리지 않고 시시때때로 폭력을 휘둘렀다. 주먹으로 때리는 것을 넘어 마대자루 등 둔기를 동원했다. 폭력뿐만 아니라 비인간적인 가혹행위까지 서슴지 않았는데, 치약 한 통을 다 먹게 하거나 기마자세를 2~3시간씩 세우는 것은 약과였다. 가혹행위로 무릎이 퉁퉁 부어오르자 오히려 '무릎이 사라져 신기하다'며 해당 부위를 콕콕 찔렀고, 밤을 새워가며 경례와 제식동작, 도수체조를 하게끔 강요하기도 했다. 폭행은 한 번 시작하면 두세 시간을 넘기는 경우도 있었다.

더욱 충격적인 것은 이들을 지휘 감독해야할 간부가 오히려 폭행에 가담하기까지 했다는 점이다. 수사 당국의 조사결과 의무대 간부인 유 모 하사는 폭행 현장에 함께 있었지만 전혀 제지하지도 않았고, 오히려 집체교육장에서 방탄헬멧을 쓰고 있던 윤 일병의 머리를 스탠드로 강하게 내리쳤다. 또 다른 병사에게 폭행을 사주하는 듯한 지시를 하기도 했다.

윤 일병이 쓰러져 앰뷸런스에 실려 가던 날은 폭행이 극에 달했다. 일요일이던 이날, 선임병들은 윤 일병이 늦잠을 잤다는 이유로 아침 일찍부터 뺨과 허벅지를 때리며 폭행을 가했다. 꾀병 부린다며 때리고 절뚝거린다고 때렸다. 얼굴과 허벅지 멍을 지운다며 가져온 안티푸라민을 성기에 바르게 하는 성폭력까지 휘두른다. 또한, 얼차려와 욕설을 반복하다 윤 일병이 힘든 기색을 보이자 그동안 폭행을 주동해오던 이 모 병장은 직접 자신이 비타민 수액을 주입한다.

그리고 오후 4시경. 냉동식품을 사다 먹던 이들은 윤 일병이 쩝쩝거리며 먹는다는 이유로 또 다시 폭행을 시작한다. 번갈은 폭행을 못 견딘 윤 일병이 정신이 혼미해진 상태에서 오줌을 싸는 지경에까지 이르렀지만 이들의 구타는 멈추지 않았다. 급기야 약 40분간의 폭행 뒤 윤 일병의 심장이 멈춰 선다. 가해자들은 심폐소생술을 실시했지만 별 소용이 없었고, 윤 일병은 급하게 병원으로 실려 간다.

연천, 양주를 거쳐 마지막으로 의정부 성모병원으로 실려 간 윤 일병은 끝내 의식을 회복하지 못했고, 다음 날인 4월 7일 오후 4시 20분 경 사망판정을 받는다. 연천 28사단 의무대로 배속 받아 자대 생활을 시작한 지 만 35일째, 말로는 형용하기 어려운 마지막 집단구타를 당하기 시작한 지 24시간 만이었다.

비록 사건이 발생하고 두세 달이 지난 때였지만 가해자인 이 모 병장을 비롯한 선임병 그리고 이를 방치하고 동조하기까지 한 유 모 하사의 행태는 온 국민을 또 한 번 경악하게 만들기 충분했다.

그리고 또 한 번 궁금했다. 저렇게 맞을 때까지 그래서 목숨을 잃는 지경까지 왜 아무도 제지하지 못했을까. 그리고 왜 당사자인 윤 일병은 부대장이든 사회이든 살려달라는 SOS를 한 번도 치지 않고 그 모진 폭력에 그저 당하기만 했을까. 크고 작은 군대 폭력이야 어제 오늘의 일이 아니지만, 너무나 엄청난 사건을 보면서 본인의 하소연이든, 아니면 상관의 감시든 어느 것 하나 찾아볼 수 없는 것이 과연 제대로 된 군의 상태인가 하는 의구심이 들었다.

 **참으면 맞고, 못 참으면 때리고**

윤 일병 사건을 접한 국민들은 분노를 감추지 못했다. 한순간 끓어오르다 시간이 지나면 사그라질 그런 단순한 분노가 아니었다. 윤 일병 사건은 앞서 발생한 임 병장 사건과는 다른 점이 분명히 있었다.

임 병장 사건은 총기 난사라는 범행 방법과 한두 명이 아닌 십수 명에 이르는 피해 규모 그리고 사고 현장이 마치 전장인 듯 실시간으로 중계되는 주목성 때문에 결코 그 충격이 작지 않았지만 거기에는 군 자체를 향한 어떤 총체적인 분노라기보다는 군에 적응하지 못한 한 개인, 즉 임 병장을 향한 질타도 확실히 함께 녹아있었다.

가해자인 임 병장과 그 가족은 집단 따돌림이 있었다고 주장했지만, 5명이 숨지고, 7명이 부상하는 상황을 마주하면서 일단 그들의 주장에 귀를 기울이는 것이 사회적으로 쉽지 않았다. 특히 임 병장이 '보호관심병사'였다는 점, 그리고 이미 학창시절 왕따 피해를 당하여 학교를 중도에 그만둘 수밖에 없었던 점 등을 상기하며 군이 지니고 있는 어떤 커다란 문제 보다는 그 안의 제도에 국한한 기계

장치의 문제로 치부하기가 더욱 쉬웠다.

 그러나 윤 일병은 입대 전 특별히 문제가 있었던 병사가 아니었고, 수사결과 그의 탓으로 돌릴 만한 그 어떤 뚜렷한 잘못을 찾기 어려웠다. 그리고 가해자로 지목된 이 모 병장을 비롯해 다른 선임병들 역시 이른바 관심병사가 아니었다. 하지만 그들이 저지른 짓은 어느 영화에서나 봄직한 고문 장면들과 하나도 다를 바가 없었다. 그런 면에서 윤 일병 사건은 우리의 군이 안고 있는 문제를 똑바로 바라보게 만드는 계기가 되었다.

 사건의 전모를 밝히는 기사가 줄을 이었고, 인터넷과 SNS에는 가해자뿐만이 아닌 군과 정부를 향한 질타의 목소리가 끊이질 않았다. 국방부는 뒤늦게 대국민 사과를 발표했고, 이후 국정감사까지 이어졌다.

 충격에 충격을 거듭하는 두 개의 연이은 사건을 보면서 국민들은 우리 군에 문제가 있어도 단단히 있다는 생각을 갖게 되었다. 선임자이든 신참이든 어느 순간 충격적인 기사의 주인공이 되어 버리는 현실을 보면서 무언가 잘못 돼도 크게 잘못됐다는 인식이 들불처럼 번졌다.

이런 와중에 한 시민이 방송과의 인터뷰에서 이런 말을 한다.

"아닌 말로 군대 가서 참으면 윤 일병 되는 거고, 못 참으면 임 병장되는 현실에서 우리 아이들을 어떻게 군대에 보내겠습니까?"

참으면 윤 일병, 못 참으면 임 병장! 우리 군의 현실을 이렇게 기가 막히도록 응축한 말은 또 없을 것이다. 민심은 이렇게 보고 있는 것이다. '참든지 못 참든지 윤 일병이 되어서 고참들한테 맞아 죽거나 아니면 임 병장이 되어서 자기 동료들을 죽게 하는 것밖에는 없는 것 아닌가! 그것이 우리의 현실이 아닌가!' 하고 말이다.

지금까지 부모들은 군에 입대하는 아이들에게 '힘들어도 꾹 참고 견뎌라'라고 말해왔다. 그런데 참은 결과가 집단 폭행에 따른 사망이라니! 윤 일병 사건을 보면서 더 이상 참으라고, 참는 자에게 복이 있다고 자신 있게 말할 수 있는 부모가 있을까? 그렇다고 참지 않으면 어떻게 될까? 임 병장처럼 되는 것 아닌가? 그래서 결국에는 국가로부터 합법적인 살해를 당하는 '사형'을 언도받게 되는 운명이 '우리 아이들이 마주할 운명 아니냐?'는 반문이다. 또한 '그렇게 되는 것을 막아줄 시스템이 우리 군에는 있는가?' 결국 "없다"는 단언이다.

　국민은 잇단 두 사건에서 모순을 발견했다. 그리고 거기에 대응한 대책을 요구하기 시작했다. 단순하게 가해자를 벌주고 피해자를 배상하는 정도가 아니라 자신의 가족들을 아들과 딸을 안심하고 보낼 수 있는 대책을 내놓으라는 요구이다. 군 창설이래 대한민국의 어머니와 아버지들이 자신의 자식들을 군에 보내면서 되뇌었던 그저 "꾹 참으라"하던 해법이 통하지 않게 된 이상, 이제는 국가가 그 답을 내놓아야 하는 시점에 이르렀다.

특위위원 핫! 인터뷰 – 도종환 위원

도종환 의원에게 윤 일병, 임 병장 사건은 무척이나 가슴 아프게 다가왔다. 그 자신이 정치인이기도 하면서 살아있는 모든 것을 사랑하는 시인이기도 하기 때문이다. 그가 생각하는 끔찍한 사건들의 원인과 해법을 지면을 통해 소개한다.

Q 계속되는 윤 일병, 임 병장 사건들의 원인은 무엇이라고 생각하나?

A 맹목적인 명령과 복종의 강요가 원인이고 부작용을 가져오고 있다. 그동안 군대 밖의 문화가 많이 변했다. 그런 곳에서 생활하던 청년들이 하루아침에 군대라는 특수한 집단의 폐쇄성을 경험하고 공동체 안에서 명령하고 복종하면서 가해자이거나 혹은 피해자로서 동화 되어가는 것이다. 윤 일병, 임 병장 사건 같은 일들이 반복되지 않으려면 하급자를 마음대로 폭행하고 성적인 학대나 구타를 해도 된다는 인식이 변해야 한다. 상급자와 하급자는 무조건적인 상하수직관계가 아니라 공존관계라는 것을 명심하고 서로가 서로를 보호하고 자제력을 발휘하면서 문제를 풀어나가려는 노력을 해야 한다. 무엇보다 하급자는 자신이 설령 피해자가 되더라도 무조건 버텨야 한다는 생각을 버려야 하고 상급자는 폭력이 끼치는 영향과 피해에 대한 책임을 느끼고 하급자의 요구를 정당한 수준에서 수용할 수 있어야 한다.

Q 병영 특위로 활동하며 중점을 둔 부분은 무엇인가?

A 개성을 존중하는 현대사회에서 획일화되고 통제된 군 조직은 젊은 세대에게는 참기 힘든 곳일 수 있기 때문에 이들에게 긍정적으로 작용할 수 있는 병영문화를 조성하고자 힘을 기울였다. 군대를 어렵고 힘든 곳으로만 생각하지 않고 스스로 정신력을 키우고 지식을 쌓으며 학교교육의 연장선상에서 자기계발을 할 수 있는 배움의 장이라는 인식이 필요하다는 생각을 했다. 삶의 목표

는 개인에 따라 다를 수 있지만 모든 사람은 살아가면서 자신을 성장시키고 지키기 위해 부단히 노력한다는 점은 같다. 그렇기 때문에 군복무 과정에서 군대가 교육의 장으로서 장병육성 역할을 올바르게 수행해야 할 책임이 크다. 따라서 군 생활의 부정적 이미지를 걷어내고 군 생활이 자기계발과 대립되는 것이 아닌 자신의 삶을 위한 새로운 준비기간임을 인식하도록 도와야 한다. 이를 위해 군대가 자기계발과 상충되는 곳이 아니라는 생각과 성취에 대한 적절한 보상을 해주는 여건을 조성하고 교육 기회를 확대하는데 중점을 두고 국방부, 교육부, 행자부, 문체부 등과 협의한 다양한 의견들이 실제 정책에 반영될 수 있도록 노력했다.

Q 병영 특위 활동 중 가장 기억에 남는 순간은 언제인가?

A 국방부, 교육부, 행자부, 문체부 등과 협의를 통해서 장병들을 위한 협업과제를 성사 시켰을 때다. 재능기부 은행 설립, 군복무간 대학학점 인정 제도 개선, 장병들의 유적지 무료 관람혜택 부여, 독서코칭 프로그램 확대를 통한 신세대 장병 인성 함양 등 부처 간의 상호 협력을 위한 계기를 마련한 측면에서 뜻 깊은 순간이었다.

2015. 7. 8
민·관·군 협력사업으로 경기도 파주시 서부전선 육군 1사단 GOP에 마련된 따복 독서카페 개소식에 참석한 도종환 의원

또 다른 피해자들

윤 일병을 사지로 몰아넣은 가해자들은 현재 법의 준엄한 심판을 받고 있다. 보통군사법원은 1심에서 이 병장을 비롯한 가해병사 4명에게 상해치사죄를, 폭행을 방조하고 가담하기까지 했던 유 모 하사 등에게 폭행죄를 적용했지만 2심인 고등군사법원은 최근 판결에서 상해치사죄 대신 살인죄를 적용했다. 형량은 최고 35년에서 12년을 선고했고, 유 하사에 대해서는 징역 10년을 선고했다. 대법원 판결까지 기다려야 하지만 대법원 판결은 사실심이 아니라 법률심이라는 점에서 2심의 판결은 3심까지 유지될 전망이다.

어쨌든 윤 일병에게 폭행을 가한 가해자들은 인과응보의 길을 걷게 되었다. 그들이 교도소 문을 나설 때면 한때의 젊은 치기와 인생의 가장 소중한 시간을 송두리째 맞바꾼 것을 두고두고 후회하게 될 것이다. 하지만 가해자들을 단죄했다고 해서 모든 것이 끝난 것일까?

우리가 눈여겨야 할 것은 비단 윤 일병과 임 병장 사건 만이 군내 사건 사고의 전부였냐는 점이다. 그렇지 않다. 윤 일병이 유일한 폭행사고 희생자도 아니요, 임 병장이 유일한 총기사고 가해자도 아니다. 그동안 폭행사고는 꾸준히 있었고, 90년대 이후 굵직한 총기사고만 9건에 이른다. 비슷한 형태의 사고가 1, 2년에 한 번꼴로 잊을만 하면 툭하고 터졌다는 말이다.

총기사고가 어쩌다 한 번 터지는 암이었다면, 구타나 가혹행위 사고는 아예 만성질환이라고 부를 지경이다. 윤 일병 사건을 계기로 국방부는 지난 4월 한 달 동안 전 부대를 대상으로 가혹행위를 조사했다. 그 조사 결과 무려 3,900건에 달하는 가혹행위가 드러났다. 불필요한 암기 강요는 비교적 순진한 편이었고 상습적인 욕설과 잦은 구타를 비롯해 심지어는 치료조차 제대로 해주지 않는 경우까지 있었다.

사실 군대 내 자살 사고는 분류상만 자살일 뿐 적지 않은 이유가 군대 내 폭력 등 가혹행위라는 데 전문가들 사이에 이견이 없다. 즉, 윤 일병처럼 직접적인 폭력이 원인이 되어서 숨진 것으로 밝혀진 경우는 한 해 한 번 있을까 말까 하지만, 모진 폭행을 견디다 못해 스스로 목숨을 끊는 일로 연결되는 경우가 훨씬 많다고 보아야 한다. 특히 수많은 의문사 사망자들의 유족들은 군대 내 폭행 등 가혹행위를 의심한다.

구분	계	안전사고									군기사고				
		소계	차량	항공	함정	폭발	추락	익사	화재	기타	소계	자살	총기	폭행	기타
'04	135	65	27	6		3	4	13	1	11	70	67		1	2
'05	124	50	21	4	1		6	11		7	74	64	8	1	1
'06	128	50	25	3			2	7		13	78	77	1		
'07	121	39	22	3			2	5		7	82	80	2		
'08	134	58	25	8	1		9	7		8	76	75			1
'09	113	32	13				8	7		4	81	81			
'10	129	46	9	13	7		8	4		5	83	82		1	
'11	143	42	18	5		1	5	2		11	101	97	4		
'12	111	38	17	1			5	2	3	10	73	72			1
'13	117	37	15	2			7	6		7	80	79			1
'14	101	25	12			1	2	3		7	76	67	5	1	3

자료제공: 국방부

사실 군대 내 가혹행위는 알려지거나 드러나기가 쉽지 않을 뿐 우리 모두 알고 있고, 우리 모두 겪은 것이다. 군을 제대한 아버지, 삼촌, 형, 친구, 그리고 동생 등등 그들 가운데 아무나 한명을 잡고 물어보면 군 시절 당했던 가혹행위 가운데 심했던 것 한 두 개쯤 귀동냥하는 것은 어려운 일도 아니다.

때로는 그것이 술안주가 되어서 추억이라는 옷을 입고 미화되기도 한다. 남자들은 술만 마시면 군대 이야기라고 하는데 사실 알고 보면 그 가운데 적지 않은 일화가 군대에서 가혹행위 당한 이야기이거나 간혹 드물게 가혹행위를 행한 이야기일 것이다.

이렇게 가혹행위는 과거부터 만연했고, 일상다반사 마냥 군부대 담장 너머에 숨은 채로 있었다. 제대 병사들은 그 사연들을 가슴 한 곳에 꽁꽁 숨겨둔 채 나중에 한 번쯤 꺼내보는 이야기로 담아두고는 부대 정문을 나설 뿐이었다. 하지만 이제는 대책을 찾아야 할 때라는 것을 윤 일병과 임 병장, "참으면 맞고 못 참으면 때리고"로 대변되는 두 사건이 말하고 있다.

특위위원 핫! 인터뷰 – 김광진 위원

특위에 참가하고 있는 김광진 의원은 동시에 국방위원회 소속이기도 하다. 제19회 국회 최연소 의원으로서 누구보다 젊은 장병들의 마음을 잘 이해하고 있는 김 위원을 만났다.

Q 윤 일병, 임 병장 사건으로 국회 특위가 시작됐다. 구타, 가혹행위 등 계속되는 후진국형 사건·사고의 원인은 무엇이라고 생각하나?

A 그렇다. 많은 국민들이 윤 일병, 임 병장 사건을 '일어날 수 있는 일'이 아닌 '후진국형 사건'이라고 말한다. 2015년 대한민국에 어울리지 않는 사건이라는 뜻이다. 한 가지 자문(自問)이 들었다. '대한민국 군대의 인권이 과연 2015년 대한민국 국민 수준에 맞는 것인가? 그저 과거 군사 정치 시절에 비해서 나아진 수준은 아닌가?'. 그리고 또 하나, '대한민국에서 군인은 어떤 존재인가?'. 군인은 전쟁이 나면 곧바로 전투에 투입된다. 제복이 곧 수의가 되는 것이다. 그러나 전쟁이 나지 않은 평시라면...? 결국, 군인은 제복 입은 시민이다. 하지만 우리는 제복 입은 시민을 인정하지 않고 있는 것 같다. 그들의 행복 추구권, 기본권, 최소한의 인권도 인정하지 않는다. 군대에서 끊이지 않는 후진국형 사건·사고는 군인을 제복 입은 시민으로 인정하는 인식의 전환이 있어야 해결될 수 있다고 생각한다.

Q 흔히 신성한 국방의 의무라고 하는데 정작 군인들이 받는 대접은 신성하지 못하다. 국회 특위로 그리고 국방위원회 소속 의원으로 직접 보고 느낀 대한민국 군의 실상은 어땠나?

A 지금 병사들이 받는 급여가 평균 15만 원 정도이다. 그런데 이게 최선일까? 대한민국 정부는 그 이상을 감당할 능력이 없을까? 아무리 군 복무가 의무라

고 해도 20대 청년들에게 15만 원의 월급을 지급하는 게 맞느냐하는 거다. 나는 법정 최저 임금을 보장해야 한다고 생각한다. 국가가 누군가의 자율권 또는 기본권을 침해해서 사용했다면 그에 합당한 보상을 하는 것이 필요하지 않겠나? 군 생활도 마찬가지이다. 군의 특성상 100% 자유를 보장할 수는 없다. 군에는 엄연히 계급이라는 것이 존재하고 목숨을 걸고 해야 하는 일이니 만큼 자유를 제한할 수밖에 없을 것이다. 다만 전화 통화라든지 외출이나 외박에 있어서 지금 만큼의 통제가 필요할까? 나는 되돌아 봐야 한다고 생각한다. 컴퓨터를 예로 들어볼까? 대한민국 공공기간의 컴퓨터 사용은 모두 무료이다. 구청에 가면 민원인들을 위한 컴퓨터가 따로 있다. 컴퓨터 출력도 무료다. 하지만 군인들은 1시간에 540원 씩 돈을 내고 사용한다. 말이 안 되는 얘기다. 세탁기는 1000원, 건조기도 500원 이다. 군대에서 장병들이 사용하는 전화 요금은 일반적인 휴대전화 요금보다 2~3배 비싸다. 정상적인 운영이 아니라고 생각한다. 군인이 국가에 대한 의무를 다한다면 국가도 최소한의 의무를 다 해야 한다.

2013. 5. 21
국방위원회 위원으로도 활동 중인 김광진 의원이 일선 군부대 병영을 방문해 군 지휘관으로부터 생활관 운영 실태를 점검 보고 받고 있다.

2
국방의 의무는 신성한가?

 훼손된 신성성

헌법 제39조 1항은 "모든 국민은 법률이 정하는 바에 의하여 국방의 의무를 진다"고 하였고, 2항은 "누구든지 병역의무의 이행으로 인하여 불이익한 처우를 받지 아니한다"고 밝혔다. 바로 이것이 신성(神聖)하다고까지 말하는 국방의 의무가 발생하는 헌법적 근거이다. 그렇다면 왜 유독 국방의 의무를 일컬어 신성하다고 말하는 것일까? 같은 국민의 4대 의무라는 교육, 납세, 근로의 의무를 가리켜 신성하다고 말하지 않는 까닭은 또 무엇일까?

2013. 8. 7
천안함 폭침 3주기에
해군 2함대 사령부를
방문한 백군기,
민홍철 의원이
충혼탑 앞에서
천안함 46용사를 기리는
경례를 하였다.

　물론 요즘은 각종 탈세 사건이 발생할 때마다 세금을 탈루한 자들을 비난하고 납세의 의무를 강조하느라 납세의 의무도 신성하다고 말 하는 경우가 있다. 하지만, 이는 어디까지나 최근 들어 생긴 신풍조일 뿐 역시 그 신성성으로 가늠하자면 국방의 의무만한 것이 없을 것이다.

　그것은 국방의 의무는 다른 의무와 다른 희생의 가치가 들어있기 때문이다. 특히 다른 희생도 아닌 목숨을 담보하는 의무이기 때문에 신성한 영예가 있는 것이다. 예를 들어 군인이 되어 나라를 지킨다는 것은 국가의 명령으로 자신의 목숨을 언제든 내놓는다는 의미이고 이를 통해 다른 사람들의 목숨을 지킬 수 있는 것이다. 그 다른 사람이란 자신의 어머니와 아버지 등 부모나 형제, 자매가 될 수도 있고, 피를 나눈 일가친척 뿐만이 아닌 이웃집 아저씨, 동네 할머니가 될 수도 있다. 즉, 공동체를 구성하는 다른 사람의 생명을 지키기 위해 자신의 목숨을 내어놓는 의무이기 때문으로 이는 신과 같은 행동이므로 감히 신처럼 성스러운 일로서 신성하다고 하는 것이다. 마치 기독교의 예수가 십자가에 못 박히는 희생을 통해 자신의 보혈을 흘려 인간을 구원하였다거나 불교의 부처가 자신의 왕자라는 신분을 비롯해 가족과의 사사로운 정리마저 버리고 해탈을 통해 중생 구제에 나선 것처럼, 국방의 의무만이 인간이 아닌 신이 할 수 있는 행동과 비견되는 행위이기에 신성하다 할 것이다.

물론 교육의 의무나, 근로의 의무, 그리고 납세의 의무도 어느 정도 자기희생이 없다고는 못하겠지만, 확실히 국방의 의무가 요구하는 그것과는 차원과 정도가 다른 것이다. 이처럼 생각하면 할수록 거룩하고 찬연하기만한 것이 국방의 의무이건만 하루가 멀다 않고 터지는 군 사건사고 소식은 과연 현재의 군대에 신성함이 조금이나마 남아있기나 한 것일까 의구심을 품게 한다.

신성한 의무를 수행하러 온 국민은 누구보다 존중받아야 하는 한

편, 막상 목숨을 내놓아야하는 전투가 아니라면 그들이 가진 단 하나의 생명은 그 무엇보다 소중하게 취급받아야 하건만, 지금의 대한민국 군대가 그렇게 하고 있다고 누구 하나 자신있게 말할 수 있을까.

건강하게 잘 지내고 있을 것이라 믿어 의심치 않았던 아들이 군 선임병들의 폭력에 시달리다 결국 싸늘한 주검이 되어 식어있는 모습을 본 어떤 부모가 그 죽음을 신성한 죽음이라 느낄 수 있을까.

2015. 3. 5
특위 기간중 군사법체계 개선 소위원회가 개최한 '군사법제도 개선 어떻게 할 것인가' 토론회 모습. 민홍철, 김용남, 정성호 의원이 개최했다.

 **군대, 죽었다고 생각하고 참아라**

어둑한 조명이 천정을 돈다. 반쯤 취한 듯한 대여섯 청년들이 마이크를 잡고 노래를 부른다.

"어색해진 짧은 머리를~ 보여주긴 싫었어~" 이날을 준비한 듯 무언가 특별해 보이는 노래가 작은 방안을 울리고 그 모습을 이들과 어울리지 못하는 또 다른 청년 한 명이 물끄러미 바라본다. 이내 그 옆으로 그 청년보다 두 세 살 쯤은 위인 듯한 또 다른 청년이 다가와 술잔을 채우며 말한다.

"그냥 푹~ 썩었다 생각하고 몸 건강히 잘 다녀와라"
"네, 그래야죠."

청년은 체념한 듯 잔을 받아 마신다.

어느 영화에선가 봄직한 낯설지 않은 장면이다. 군을 갈라치면 여기 저기 군 송별회쯤 한 두 번 안 치르고 가기는 사실상 드물고, 또한 누구나 던지는 위로의 말 한마디쯤 듣지 않고 오는 병사도 없을 것이다. 그런 말 가운데 빠지지 않는 말이 바로 '썩었다 생각하고..'라는 말이다. 그런데 그렇게 많은 말 중에 왜 하필 '썩었다 생각하고'란 말을 가장 많이 하는 것일까?

'썩는다'는 건 음식이나 배설물 따위가 부패해서 쓸모 없어지는 것인데, 이제 갓 스무살 넘긴 청년에게 '썩어라'라고 말하는 건 아무리 생각해도 너무 가혹하다. 아무래도 그것은 군대에서 받게 될 정신적 신체적 고통이 몸 썩는 것과 같을 정도로 힘들 테니 아예 '군대는 힘든 곳이다' 생각하고 참고 견디라는 반어적인 격려일 것이다.

'차라리 나 죽었다 생각하고 참아라'의 함축적인 말이라고 할까? 이렇게 비장하기까지 한 마음가짐이 없으면 답이 없는 곳, 그런 곳이 바로 아버지 세대부터 아니 그 아버지의 아버지 세대부터 이어온 그래서 지금도 연병장으로 나서는 청춘들에게 한마디씩 던지는 나름은 인고의 철학이 녹은 격려사일 것이다.

이런 생각은 군입대를 앞둔 젊은이들에게 쉽게 확인할 수 있다.

"솔직히 뭐 제 인생에 직접 도움이 되는 것은 아니니까, 쉽게 말해서 '썩는다'라고 하는 게 크게 틀린 말은 아닌 것 같아요."

다음 달 중순 춘천 보충교육대로 입소한다는 20살 청년 이 모씨의 말이다. 그렇다. 태어날 때부터 누구나의 인생계획에 '군대'가 있지는 않다. 만약 있다면 그것은 어릴 적 희망 직업란에 '군인'인 사람들 밖에 없을 것이다.

군대에서의 '썩음'을 극명하게 보여주는 사례는 운동선수가 대표적일 것이다. 체력적으로 가장 왕성해서 역시 가장 큰 성과를 보여줄 만한 나이에 딱 그것을 멈춰야 한다니 아마도 그 당사자에게 있어서는 좋게 말해 경력단절이고 나쁘게 말해 청천벽력 같은 일이라는 걸 크게 부정할 수는 없다. 그렇다 보니 보기에는 멀쩡해 보이는 건각들이 곧 죽을지도 모르는 병명을 핑계 삼아 이리 피하고 저리 피하다 결국에는 군기피자로 낙인찍히고, 종국에는 선수로서의 생명에도 낙인을 찍히는 사례를 심심찮게 본다. 월드컵 16강으로 면제받거나 올림픽에 나가 동메달 이상 따내기가 어디 쉬운 일인가.

세상의 꿈이란 것이 운동선수만 있는 것은 아니니 군대 때문에 잠시 자신의 꿈을 유예한 수많은 청춘들도 '썩는다'는 느낌에 큰 이질감이 없어 보인다. 그렇다면 군대는 꼭 '썩어야' 하는 것일까? 오히려 '생생'하면 안 되는 시간일까?

마른 등걸로 썩어서 그 어떤 것에도 반응하지 않는 무기물이 되는 것은 아무래도 젊은이에게 권장할 만한 즐거운 일이 못 된다. 그보다는 차라리 생생한 유기물이 되어서 군대에서 보내는 경험과 시간, 그리고 그 안에서 보고 듣는 것을 자신의 것으로 흡수하고 발전하는 시간이 될 수는 없을까? 그래서 자기의 꿈이 무엇이 되었든 군에서의 경험이 군 밖의 미래를 만드는 데 초석이 될 수 있는 곳이 바로 군대가 될 수는 없는 것일까?

물론 일부이지만 온라인 수강을 통해 대학교 강의를 듣도록 하는 '학점이수제'를 운영해 나름 쓸모 있는 '시간'이 되도록 작은 배려를 하고 있는 곳도 있다. 하지만 그것만으로는 '썩는다'라는 인식을 바꾸기에 충분하지도 않을뿐더러 맞는 해법인지도 불명확하다. 특히 대학교를 다니지 않는 병사들에게는 해당되지도 않고, 자칫 사기를 저하할 수도 있기에 좀 더 충분한 검토가 필요한 사안이다.

아마도 군대 자체가 각자의 꿈을 이루는데 기여하는 시간이 되거나 '썩을 각오', 즉 '자기 자신을 포기하는 각오 따위는 필요 없는 곳'이 되지 않고서는 군대에 가는 일을 '썩는 일'이거나 '썩어야 하는 일'로 바라보는 인식에 변화는 오지 않을 것이다. 무언가 근본적인 대책이 필요하다.

기피대상 '군', 이대로 좋은가?

"김 개똥 씨, 나이 30살, 미국에 체류 중이며 유학허가 기간이 끝났으나 귀국하지 않은 채 정당한 군 징집에 불응해 피하고 있음."

이르면 오늘 7월부터 병무청 홈페이지에서 볼 수 있는 내용이다. 이른바 병역기피자들의 신상을 공개하는 것으로 이미 지난 4월 관계법령에 따른 부속 시행령이 입법 예고된 상태이다. 이에 따르면 주로 유학을 핑계로 해외에 나갔다가 돌아오지 않는 불법체류자성 병영기피부터 국내에 거주하면서도 정당한 이유 없이 징병검사를 지속적으로 안 받는 사례, 또 일부러 신체를 훼손해 병역 의무에서 면탈하려고 했던 사람들이 포함될 전망이다.

2014. 12. 23
강원도 양구군 21사단 동부전선 GOP부대를 방문한 윤명희 의원이 장병들을 격려하고 있다.

물론 병역기피자들의 신상정보를 공개하는 것이 곧 군을 기피하는 것 자체를 예방할 수 있느냐에 대한 논란은 있을 수 있다. 성범죄자 신상정보를 인터넷에 공개하는 것이 성범죄를 예방하는 유일한 해결책이냐는 주장과도 비슷하다고 할 수 있다.

다만, 우리나라가 모병제가 아닌 징병제를 채택하고 있는 이상, 군 기피 문제는 떼려야 뗄 수 없고, 없애려야 없앨 수 없는 점이란 것은 누구나 인정할 것이다. 예전에도 그랬고 지금도 그런 군 기피 문제. 그대로 놔둘 수도 그렇다고 더 엄하게 처벌'만' 할 수도 없는 현실에서 우리는 어떻게 해야 할까?

역발상이 필요하다. 기피하는 곳이 아니라, 가고 싶은 곳이 되도록 해보는 것은 어떨까? 물론 모두가 그렇게 받아들이도록 만들 수는 없지만, 군대를 되도록 '피해야 하는 곳', 그러기 위해서 어떤 다른 범법행위까지 '감수하는 곳'으로 놔두지 말자는 말이다. 오히려 이런 저런 이유로 '가고 싶은 곳', 내가 어떤 꿈이 있는데 그러려면 '꼭 가야 하는 곳'이 군대가 되도록 만들자는 말이다.

우리가 흔히 서구 선진국의 대표적인 사례로 북구 유럽을 들곤

하는데 그 가운데 한 곳인 노르웨이 또한 징병제를 적용하고 있다. 심지어 여자도 징집되어 군대를 간다. 그런데 특이한 것은 군대를 국가 공인 자격증을 무료로 딸 수 있는 자기 계발의 장소로 여긴다는 점이다. 심지어 장기 캠핑을 가는 기분으로 군에 입대한 젊은이들도 있다고 한다.

물론 노르웨이와 우리나라는 서로 처한 여건이 다르다. 특히 우리처럼 마주하고 있는 적이 없으니 유지해야하는 병력의 규모가 비교되지 않게 작다. 실제로 노르웨이의 전 병력은 2만 명이 채 되지 않는다.

그러나 뜻이 있는 곳에 길이 있다고 했다. 노르웨이와는 천양지차의 환경이지만, 국회와 정부, 특히 국방부와 온 국민이 지혜를 짜내고 끊임없는 고민과 시회적 합의를 이끌기 위한 시도를 멈추지 않는다면 군은 더 이상 기피하는 곳이 아니라 '반드시 가고 싶은 곳'이 될 것이다. 풀 수 없는 문제는 없다. 우리의 아버지 세대도 갔었고, 우리도 갔었고, 우리의 자식들도 가는 곳이 군대다. 그런데 그런 군대를 가보고 싶은 곳으로 만들 수 있는 책임은 우리 세대에 있다.

 **카투사 좋아요! 육군 싫어요!**

일부에선 국적까지 버려가며 가고 싶지 않은 곳으로 취급받는 군대이지만 분명한 것은 그 가운데에도 편차가 존재한다는 사실이다. 기왕에 가야만 한다면 꼭 가고 싶은 곳이 있고, 꼭 가야 하지만 가고 싶지 않은 곳이 있다는 말이다. 주한미군 한국군지원단, 영어로는 Korean Augmentation To the United States Army 이름 하여 앞 철자만 딴 카투사(KATUSA)에 대한 이야기이다. 병무청은 홈페이지에서 카투사에 대해 그 영문 해석대로 '미8군에 증강된 한국 육군요원'으로 정의하고 '주한 미 8군의 각 부대에서 미군들과 생활하며 임무를 수행하는 한국 육군 소속의 요원을 말함'이라고 설명하고 있다. 한국군이지만 몸이 미군 부대에 있는 한국군이 되는 셈이다. 사실 이와 같은 복무 형태는 전 세계에서 유래를 찾을 수 없다. 주한미군은 전 세계 어디에나 있지만, 카투사처럼 주둔국의 군인이 아예 미군에 배속되는 경우는 한국에만 있다.

유행가 제목인 듯 아닌 듯(?) 오해받는 이 카투사는 한미동맹에 따라 자연스럽게 생겨난 부대로 한국전쟁이 막 발발하고 얼마 지나지 않았던 1950년 7월에 시작되었다. 그러니 카투사가 생긴 지 벌써 65년이 되는 셈이다. 당시 카투사는 전쟁이 막 터진 상황에서 주한미군의 숫자가 워낙 부족했고, 한반도에 익숙하지 않은 그들을 가이드 마냥 보조해야하는 현실적인 필요성에서 생겼다. 전쟁이라는 특수성 때문에 생겨난 부대이지만, 전쟁이 끝난 뒤에 이들의 유용성은 훨씬 빛을 발했다. 특히 직업군 체계인 미군에게 있어 징병 군인인 카투사들의 존재는 비용적인 면에서 확실한 장점이 아닐 수 없었다. 더욱이 교육 수준이 높은 한국 젊은이들 가운데 거기서도 한 차례 더 우수한 자원을 수급할 수 있다는 점에서 미군으로서는 매우 도움이 되는 제도가 아닐 수 없었다.

카투사 제도는 미군도 사랑하지만 대한민국의 젊은이들도 선호한다. 단순하게 경쟁률이 7대 1이나 8대 1이 훌쩍 넘는다는 사실은 굳이 언급할 필요가 없다. 만약 지원 자격에 제한 주지 않았다면 아마 그 배 이상으로 늘어 대한민국 군대 가운데 가장 경쟁률이 극심한 군대로 카투사가 확고부동의 자리를 차지할 것이란 점은 누구나 예상할 수 있다. 특히 고시 낭인에 빗대어 이른바 '카시 낭인'을 막는다는 취지에서 지원기회를 단 한 번밖에 부여하지 않는 점을 고려하자면 과연 지원 1순위 중의 1순위가 아닐 수 없다. 지원자격은 시간이 갈수록 격상되는 추세이다. 공인영어 성적제를 처음 도입했던 1998년의 토익점수 하한선은 600점이었지만 2003년 700점을 넘어 이제는 고득점자로 간주되는 780점을 요구하고 있다.

우리 입장에서 생각해보면 참으로 부러운 일이다. 한 나라의 엘리트들을 거의 공짜(?)로 데려가고, 그 기회마저도 한 번밖에 안 주는데도 불구하고 매번 저런 경쟁률이 나올 정도로 예비 입대자들이 대기하고 있으니 말이다. 그러나 확실한 건 부러우면 지는 것이란 사실이다. 카투사가 도대체 뭐 길래, 젊은이들의 선호도 1순위 중의 1순위, 갑중의 갑을 차지하는 것일까 들여다볼 필요가 있다.

카투사로 전역했거나 지원하려는 젊은이들이 카투사를 선호한 일반적인 이유로 크게 세 가지를 꼽는다. 무엇보다 영어를 배울 수 있다는 것이고, 자기 계발할 시간이 있는 등 어느 정도 자유스럽다는 것 끝으로 외출과 외박이 잦다는 점이다. 물론 '다른 곳보다 편할 것 같다'는 것도 두 번째나 세 번째쯤과 연결된 생각일 것이다. 영어 때문에 카투사를 선호하는 것은 지극히 자연스러운 현상일 것이다. 취업과 출세에 영어가 필수인 한국적 환경을 거론할 필요조차 없다. 더불어 원래 영어가 고득점자들이니 기본적으로 어학에 관심이 많은 젊은이들이 많기도 하다.

생활이 자유스럽다는 점에서 카투사로 전역한 한 젊은이의 말을 옮긴다.

"카투사는 근무시간 외 자유시간을 가지게 됩니다. 특히 생활관이 분리되어 있어 병사 상호 간 간섭하는 게 물리적으로 어렵습니다. 특히 6시 퇴근 이후에는 병영 내에 도서관, 운동시설(체력단련장, 탁구장, 농구장) 등이 완비되어 있어서 개인 시간을 충분히 활용할 수 있습니다. 그리고 방에는 책상이 있어 공부도 가능합니다. 또한 당직근무의 경우에도 당직근무 다음 날은 온전히 휴식일을 부여하여 충전할 시간을 주는 것도 장점입니다."

많이 상황이 나아졌지만 많게는 수십 명이 부대끼는 여느 일반 부대의 모습과 비교하자면 가히 상상이 가지 않는 장면이지 않은가! 주말마다 외박이 허용된다는 점도 손꼽아 휴가일을 기다리는 우리 군의 모습과 가히 매칭이 되지 않는다.

물론 카투사 병사들의 생활 모습이 정답이고 일반 병사들의 생활은 비정상이라고 할 수 없다. 우리 군을 전부 카투사처럼 만들 수도 없는 노릇이다. 기본적으로 카투사가 소속된 주한 미군은 모병제 집단이고 직업군인 집단이다. 사회에 참여하는 직업과 직장으로써 군대를 선택한 사람들과 국민 된 의무로서 일정 기간 희생과 봉사하겠다는 마음가짐으로 집을 떠난 사람들에 대한 처우와 복지는 양적으로 그리고 표면적으로 차이가 날 수밖에 없다. 그런데도 질적인 차이까지 있어야 하냐는 점이 바로 고민해야 할 지점이다.

 영어 때문에 그리고 출퇴근하는 생활 구조 때문에 카투사에 지원한다는 것은 복무가 자기계발에 전적으로 도움이 되기 때문이라는 말이다. 즉, 우리의 군도 군대에 지원하는 병사들이 군에 입대하는 것이 일방적인 희생이나 봉사만이 아니라 자기 자신에게 도움이 되는 것이란 걸 확실히 보장하고 또한 인지한다면 우리 육군, 해군, 공군, 해병대 모두 하나같이 가고 싶어 안달이 나는 군대가 되지 않을까 하는 점이다. 그렇다면 그것이 무엇일까? 당연하지만 그것이야말로 군 인권개선 및 병영문화혁신 특별위원회가 풀어야 할 숙제이다.

특위위원 핫! 인터뷰 – 백군기 위원

특수전 사령부 사령관에 이어 육군대학 총장과 3군사령관까지 지낸 백군기 의원에게 군의 문제는 결코 남의 문제가 아니다. 어느 때보다 무거운 책임감과 사명감을 함께 느끼고 있는 그에게 마이크를 향했다.

Q 카투사, 공군 등은 입시학원까지 등장할 정도로 인기를 끌고 있다. 군대 내 쏠림 현상의 원인은 무엇이고, 개선책은 무엇인가?

A 공군이나 카투사의 경우 병영문화가 타군과 비교해 어느 정도 선진화 된 부분이 있는 것으로 알고 있다. 공군은 특히 퇴근 개념을 도입해 병사의 개인시간을 보장하고 있다. 또 병사가 대부분인 육군과 달리 간부 중심으로 운영되기 때문에 분위기 자체가 많이 다른 면이 있다. 카투사는 영어사용도 이점이고 훈련은 고되지만 개인시간을 잘 보장해주면서 복지가 뛰어나기로 유명한 미군들과 함께 생활하다보니 두말할 것 없다. 우수한 병영문화를 자랑하는 군이 어딘지는 이미 청년들이 잘 알고 앞 다퉈 지원하고 있다고 보아야 한다. 우수한 자원을 원한다면 먼저 병영문화부터 바꿔야 하는 이유가 여기에 있다. 물론 육군과 공군의 여건이 다른 측면은 있다. 공군은 부대가 큰 기지단위이기 때문에 시설을 개선하기가 상대적으로 쉽다. 반면 육군은 주둔지가 같은 사단 안에서도 뿔뿔이 흩어져 있기 때문에 시설 개선에 상당한 비용이 투입되어야 하고 그에 따라 열악한 곳이 많을 수밖에 없다. 주둔지별로 경계근무를 서야 하고 작업도 해야 하다 보니 할 일도 타군에 비해 많은 편이다. 이런 것 또한 고려해서 반드시 개선해야할 점이다.

Q 문제 병사를 걸러내기 위한 관심병사 제도가 쟁점화 되고 있다. 어떻게 생각하는가?

A 일단 '문제병사'란 단어가 부적절하다. 문제가 있는 병사가 아니라 도움이 필요한 병사다. 군이 간혹 사회의 자살률보다 군 자살률이 낮다고 항변 할 때 여

론의 거센 질타를 받는 이유는 개인이 각자 살아가는 사회와 달리 군은 모든 병력이 철저한 관리 하에 있는 집단이라는 점이다. 따라서 문제를 개인에게 돌리는 '관심병사'와 같은 단어로 낙인을 찍는 것 자체가 문제이다. 남들과 다른 특별한 존재로 인식되는 순간 그 병사가 다시 군에 적응하는 것은 거의 불가능에 가깝다. 그린캠프 퇴소 후에도 자살하는 병사가 있다는 점을 주목해야 한다. 군이 접근법을 달리하여 다른 방법으로 이들의 군생활 적응을 도와주어야 한다.

Q 군 간부들의 리더십 부족이 지적된다. 장병들의 군기를 이야기하기 전에 간부들부터 바로 서야 한다는 이야기인데, 어떤 개선책이 있나?

A 최근 군에서 발생하는 사건사고를 보면 병사들은 주로 구타와 가혹행위를 많이 저지르고 간부들은 고위 장교가 방산비리에 연루되거나 지위를 이용해 성폭행을 저지르는 경우도 있다. 이런 상관들 아래에서는 군기가 제대로 유지될 수 없다. 지금도 방산비리에 연루된 장교들이 언론을 장식하고 각종 성범죄가 드러나고 있다. 병사들의 병영문화를 탓하기 전에 먼저 간부들이 제복에 걸맞은 행동을 보여야 한다.

2012. 6. 7
군 사령관 출신인 백군기 의원이 친정 같은 군부대를 방문해 병사들을 위해 직접 음식을 준비하고 있다.

특위장 들여다보기
- 제4차 전체회의

■ **일 시** : 2014년 11월 19일(수)
■ **장 소** : 국방위원회회의실

– **이학영 위원**
　그런데 어떤 경우가 있느냐 하면 군 내부에서 이등병 시절에 아프다고 하면, 쉽게 말해서 여러 가지 불이익을 받게 되니까 상사들의 그런 불이익을 피하기 위해서 본인이 아픔에도 불구하고 병사 내에서는 그냥 참고 있다가 밖에 나와서 혼자 진료를 받고 보고하지 않는 경우가 있을 수 있어요. 그런 자료가 조사됐는지 모르겠는데, 그런데 나중에 제대하고 나서 이것이 도져 가지고 보훈처에 유공자 신청을 하는 경우가 흔히 있을 수 있는데, 이런 자료를 한번 조사해 보시고요. 그런 게 왔는지 보훈처와 협력해서……

– **박대섭 국방부인사복지실장**
　예, 알겠습니다.

– **이학영 위원**
　그런데 그때는 이미 진료 기록이, 국방부에 유관 기록이 안 남아 있으니까 세월이 흘러서 제대로 혜택을 못 볼 수가 있지 않겠어요? 그래서 군대 내에서 이런 경우가 없도록 어떻게 대책을 할 건지, 그래서 충분히, 정말 아프면 아프다고 보고를 하게 하고 또 설령 제대 후에라도 그것을 국방부에 제출해 놓아라, 설령 그런 경우가 생겼어도……
 해서 훗날 불이익을 받지 않도록 하는 경우를 교육시키고 알리고 해서 이렇게 이런 경우의 수들이 발생하지 않도록 한번 국방부 또 복지부에서도 그런 경우가 있을 경우에 좀 체크가 가능하도록 대안과 그런 대책들을 이번 기회에 강구해 주시면 고맙겠습니다.

- **박대섭** 국방부인사복지실장
예, 잘 알겠습니다. 현재 휴가 중에 치료할 경우에는 본인이 20%, 공단이 80% 내게 되어 있습니다. 그러나 전액을 본인이 지불하는 이런 경우를 제외하고는 대부분 기록을……

- **이학영** 위원
지금 비용 문제가 아니고요, 기록의 보관 문제를 내가 이야기하고 있는 겁니다. 알리고 싶지 않아서 안 알리는 경우가 있다는 이야기이지요. 상사들에게 그것을 보고해서 오히려 본인이 여러 가지 불이익을 당할까 싶어서. 그래서 제대 후에라도 그런 경우가 있다 하더라도 알릴 수 있고 그런 기록을 보관할 수 있도록, 그래서 불이익을 받지 않도록 하는 그런 일들을 좀 해 주시라는 이야기입니다.

- **박대섭** 국방부인사복지실장
예, 잘 알겠습니다.

3
늘어나는
군대 내 성폭력

한 청년 장교의 이야기

지난 2013년 10월의 어느 날, 강원 화천군 청소년 주차장에 세워져 있는 한 승용차가 아까부터 움직이지를 않는다. 차 안에는 한 젊은 장교가 앉아있다. 장교의 눈에는 언제부터인지 모를 눈물이 한 가득하다. 이 장교는 아까부터 무언가를 써내려가기 시작한다. 약간은 흔들리는 글씨로, 밑에는 아무것도 대지 않은 듯 그야말로 무언가를 적어서 남겨야 한다는 생각밖에는 아무것도 없다.

"그놈의 여군 비하 발언 듣기 싫고 거북했습니다. 제 억울함 제발 풀어주세요. 저는 명예가 중요한 이 나라의 장교입니다. 병사들 우리 처부 간부들, 타 처부 간부들 예하 부대까지 짓밟힌 제 명예로서 저는 살아갈 용기가 없습니다. 단 한 번도 쉬이 넘어가지 않고 수명하지 않으려 내뺀 적 없고, 고민 안 한 적 없습니다. 2009년 임관부터 지금까지 제 임무를 가벼이 대한 적 단 한 번도 없습니다. 정의가 있다면 저를 명예로이 해주십시오…"

누가 봐도 명백한 유서, 글을 쓴 이는 당시 강원도 모 부대 소속이었던 오 모 대위로 이 글을 쓴 뒤 자신의 승용차 안에서 번개탄을 피운 채 눈을 감았다. 도대체 왜 소중한 목숨을 버렸는지 그 자세한 내막은 이후 유족과 손인춘 의원을 통해 국정감사장에서 낱낱이 밝혀지기 시작했다.

오 대위의 상관인 노 모 소령은 약혼자가 있었던 그녀에게 "한번 자야 내 업무스타일을 아느냐?" 라고 하는 등 누가 들어도 명백할 성추행성 발언을 하였고, 노골적인 성관계 요구로 들리기도 했다. 오 대위가 남긴 일기와 그녀가 만난 주변 사람들에 따르면 그는 오 대위에게 "한번 잘까?"라는 말을 서슴지 않았고, 오 대위는 거절했다. 그 뒤 매일 끝도 없는 업무가 하달되었다고 한다. 회식 장소나 노래방에서는 차마 쓰기 민망할 정도의 신체 접촉을 했다는 증언과 기록이 여러 곳에서 나오고 있다. 부대원들 앞에서 "업무 수행 능력이 떨어진다"며 공개적인 망신을 주기도 했다. 하지만 오 대위는 4년 군 생활을 하면서 각종 포상만 12차례 받았던 재원이었다.

처음엔 단순 자살 사건인 듯했지만, 군은 사회적 파장과 함께 한둘씩 드러나는 충격적인 사실들 앞에서 결국 본격적인 수사를 진행했고, 오 대위의 순직을 인정하게 된다.

그러나 이후 이 사건을 재판하는 과정에서 군은 가해자를 껴안는 모습을 보였다. 유족들이 참여한 현장검증의 날, 해당 부대 부사단장은 변호인까지 물리친 뒤 오 대위의 아버지에게 노 소령을 봐주라는 듯한 말을 하는데 그 내용이 황당하기가 그지없었다. 오 대위의 영혼을 접했다는 한 여성 불교신자의 말에 따라 법당에서 천도재를 지내는 중에 오대위의 영혼이 찾아와 "악연을 끊고 싶다. 아버지도 그만해야 악연이 끊긴다"고 했다는 것이다. 참으로 얄팍한 꼼수가 군의 명예를 더욱 더럽힌 셈이다.

이듬해 3월 20일에 열린 제2군단 보통군사법원은 노 소령이 사망한 오 대위의 직속상관으로서 오 대위에게 가했던 직권남용가혹행위, 욕설 및 성적 언행을 통한 모욕, 어깨를 주무르는 신체접촉을 통한 강제추행 등을 인정해 징역 2년을 선고했지만 초범이라는 점을 들어 집행유예 4년을 함께 선고했고 노 소령은 풀려나 집으로 향했다.

그러자 여기에 대한 즉각적인 비난 여론이 들끓었다. 특히 국방부에 대한 국회의원들의 질타는 여야를 가리지 않았다. 오 대위 죽음의 진실을 국정감사에서 가장 먼저 알린 손인춘(새누리 비례대표)은 성명을 내고 "지난해 오 대위 사망사건 이후 현장을 직접 방문하고, 육군본부 국정감사에서 유가족의 문자메시지를 처음으로 공개하며 철저한 수사와 엄중한 처벌을 촉구했다"며 "그런데도 대한민국 여성계도 황당하기 그지없는 판결에 실망을 넘어 분노를 금할 길 없다"며 목소리를 높였다.

특히 "첫 공판을 하루 앞두고 노 소령을 고소한 6명 중 3명이 고소를 취하하고, 노 소령 측 변호인에게 가혹행위 등을 입증할 결정적 증거인 부대 출입기록, 그것도 잘못된 출입기록을 단 동료 참모가 입수해 노 소령 아버지를 통해 전달하는 등 공판 기간에 15사단 내에서 벌어진 각가지 의혹들은 이유 여하를 불문하고 철저한 재조사와 함께 책임추궁이 필요하다"며 조직적인 증거조작 의혹까지 지적했다.

국회 법사위는 얼마 뒤 열린 군사법원 업무보고에서 노 소령에 대한 솜방망이 성 처벌을 강하게 질타했다. 서영교 의원은 김관진 국방부 장관에게 "그동안 몇 번이나 질의했고 문제를 제기했는데 어떻게 이렇게 대책이 없느냐, 대책도 없고 강한 처벌도 없으니 이것이(군내 성범죄) 만연하는 것 아니냐"고 따져 물었다.

권성동 새누리당 의원도 "이 정도로 상관이 자신의 직원을 남용해서 부하 여군을 아주 집요하게, 주기적으로 상당한 기간 괴롭혔음에도 과연 이것이 집행유예 선고 대상인가 하는 의문이 있다"고 지적했다. 뿐만 아니라 남인순 의원 등 25명은 성명서를 통해 가해자에 대한 엄중처리 및 오 대위에 대한 즉각적 순직처리와 피해자의 명예회복을 강력히 촉구했다.

육군으로부터 순직을 인정받은 오 대위는 현재 국립대전 현충원에 안장되어 있다.

2015. 6. 22
군 사법체계 개선 소위위원회 김용남, 민홍철(소위원장), 정성호 의원이 군 사법 제도 개선 촉구 기자회견을 국회 정론관에서 개최하고 있다.

2014. 3. 28
남인순, 김상희 의원이 오대위 사건에 대해 항의하기 위해 국방부 장관을 면담하고 있다.

 여군에 대한 성범죄 증가... 대책이 필요하다!

그렇다면 오 대위 사건 이후 여군 대상 성범죄는 근절됐을까? 군에 대한 성토 분위기에도 불구하고 올해 들어서는 아예 성폭행 사건이 연이어 터지면서 더 이상 군이 성범죄를 스스로 자정하고 통제할 수 있을지 우려가 커지고 있다.

지난 4월, 해군 모 부대 중령이 여군 하사를 두 차례나 성폭행하려다 미수에 그치고 긴급체포됐다. 이 중령은 저녁 식사를 하자며 부대 인근 식당으로 해당 여군을 불러낸 뒤 식사와 함께 술을 마시고서는 자신의 차와 모텔에서 연달아 성폭행을 저지르려고 했다.

이 같은 사실은 성폭행 위협을 받은 해당 여군이 부대의 여성 고충 상담관에게 이를 알리며 드러났다. 상담관은 헌병대에 내용을 알려 사건을 접수했고, 해당 중령은 긴급체포 됐다.

여군에 대한 성범죄는 통계적인 수치상으로도 꾸준히 늘고 있다. 국방위원회 새정치연합 권은희 의원이 지난해 국정감사에서 제출한 자료에 따르면 2010년 13건, 2011년 29건, 2012년 48건, 2013년에는 59건으로 늘어났다. 2014년 8월 말까진 34건이 적발됐다. 2010년을 기준으로 보자면 2013년도에는 4.5배까지 증가한 결과다.

피해 여군은 하사가 109명(59.5%)으로 가장 많았고 대위 20명, 중위 12명, 소위 7명 등이었다. 가해자는 중대장(대위) 이상 간부가 59명(36.8%), 상사 이하 초급간부가 66명(41.2%)으로 나타났다.

원인으로는 군 특유의 폐쇄성과 솜방망이식 처벌을 꼽는다. 터지면 덮고 보는 군 특성상 스리슬쩍 어물쩍 넘어가는 경우가 부지기수로 문제제기를 해봐야 소용없다는 인식이 깔려있는 셈이다.

최근 5년간 가해자들이 받는 처벌의 종류를 보면 실제로 절반 이상이 경징계에 그치고 있다. 감봉 52명, 견책 35명, 근신 24명, 유예 12명 등으로 대부분 경징계를 받았다. 중징계는 정직 30명, 해임 5명, 파면 2명 등 37건에 그쳤다.

가해자들이 재판을 받는다고 해도 실형을 받는 경우는 극히 드물다. 최근 5년간 여군 피해 범죄가 132건이었는데 이 가운데 성범죄는 62.9%였다. 83건에 해당한다.

이 가운데 재판이 끝난 사건 60건의 처리결과를 보면 실형은 단 3건에 그치고 있다. 실형 선고율이 5%에 불과한 것이다. 영관급 이상은 8명인데 1명을 제외한 7명 모두 불기소 처분되었다. 12.5%에 불과한 기소율인데 이것은 일반적인 성범죄 기소율 40%에 비하면 매우 관대한 처분이 아닐 수 없다.

2015. 3. 17
군 성폭력 대책 마련을 위한 소위원회에서 남인순 소위원장이 발언하고 있다.

2015. 3. 19
군 성폭력 대책 마련을 위한 소위원회 공청회에서 이채익 의원이 발언하고 있다.

전체회의장에서 박명재 의원이 발언하고 있다.

Chapter 1. 참으면 맞고, 못 참으면 때리고 | 63

여군 부사관 인터뷰 – 부사관학교 상사

여군의 세계는 좁다. 남군의 비해 그 숫자도 적고, 계급과 직책에서도 낮은 자리를 차지하고 있다. 때문에 성폭력이라는 민감한 문제에 대해 나서서 이야기하는 것은 어려운 일일 것이다. 용기를 내어 준 전지숙 상사에게 고마움을 전한다.

Q 여군과 남군 간에 상대적인 차별이 있다고 생각하는가?

A 차별이라기보다는 인식의 차이가 남아 있다고 생각됩니다. 똑같은 계급과 직책에서 같은 임무를 수행해도 여군보다는 남군을 먼저 떠올리고 인정해주는 분위기랄까요? 군이라는 특성상 남군이 여군보다 월등하게 평가되는 부분이 있는 것 같습니다.

Q 남군 병사, 특히 병장 등 선임 병사들을 다루는 게 가장 어려운 점은 무엇인가?

A 그들이 나를 간부로서 인정하고 직책으로 봐줄 것인지 고민되는 순간이 많았습니다. 예를 들어 같은 부소대장이라도 여군 부소대장에게는 보고하는 것을 꺼리는 병사들이 있습니다. 반대로 그들을 대할 때 내가 간부로서 부족한 부분이 있지는 않을까 부담스러운 부분도 있었습니다.

Q 남군 상사가 여군을 부하가 아닌 여성으로 대한다고 느낀 순간이 있었나?

A 여군이기 때문에 부대행사 시 직책과 관계없이 참여해야 했을 때, 여군이라서 훈련 중 화장실이나 숙영시설 등의 소요가 발생한다는 불평을 들었을 때 나를 함께 하는 동료가 아닌 여성으로 인식하고 있다고 느꼈습니다.

Q 반복되는 군대 내 성폭력 문제의 원인은 무엇일까?

A 성폭력은 단지 군의 문제만은 아니라고 생각합니다. 성에 대해 개방되어가는 사회적인 인식과 환경도 하나의 원인이라고 봅니다. 10년 전과 비교해보면 예전에는 군대 내 성폭력 문제가 발생하면 대부분은 남군에게 문제가 있는 것으로 판단했습니다. 다시 말해 여군들 스스로도 지금과는 다른 보수적인 생각과 태도가 있었던 것 같습니다. 하지만 성에 대해 개방적이 되면서 여군들도 예전과는 다르게 남군에게 좀 더 적극적으로 다가가고, 관계를 유지하다 보니 어느 순간 선을 넘게 되고 성폭력 사고로 이어지는 것 같습니다. 군대 내 성폭력 문제를 해결하기 위해서는 단지 남군만의 문제로 치부해서는 안 된다고 생각합니다. 여군들 스스로도 여성이 아닌 군인으로서 직업정신과 군인정신을 명확하게 확립하고 성폭력 문제를 인식해야 할 필요가 있습니다.

Q 군대 내 성폭력 문제가 발생했을 때 이를 신고하고 바로 잡을 수 있는 제도가 제대로 갖춰져 있다고 생각하나? 보완해야 할 점은 무엇일까?

A 상급부대 성고충 상담관, 부대별 고충 상담관, 헌병 수사관 등 제도적인 부분은 많은 부분 보완되고 어느 정도 갖춰져 있다고 생각됩니다. 단, 이러한 제도가 부대 내로 한정되어 있다 보니 결국 자신이 소속된 부대에서 성폭력 문제를 해결해야 함을 인식했을 때 결코 신고하기가 쉽지 않을 것입니다. 동료와 상관, 부하가 자신을 바라보는 시선과 인식에 대한 부담감 때문입니다. 이러한 부분들을 개선해 좀 더 객관적인 조사를 받을 수 있게 되면 좋을 것 같습니다.

특위위원 핫! 인터뷰 – 윤후덕 위원

윤후덕 의원은 지역구가 경기도 파주인 접경지대여서 특위 활동에 참가하는 의미가 또한 남다르다. 그런 윤 의원과 군내 가혹행위, 성폭력 문제 등에 관한 이야기를 나누었다.

Q 병영 특위가 가동되는 중에도 현역 사단장의 부하 여군 성추행 문제라든가 해군 장병들의 성추행 문제 등 군 지휘부의 문제도 계속 나타나고 있다.

A 우리 군에 여군이 5% 정도 근무하고 있다. 숫자로는 1만 명 정도 되는 것 같다. 여성은 의무 복무가 아니기 때문에 군에는 사병이 없다. 부사관, 장교 등이 근무하는데 군에 입대해서 국방을 지키는 임무를 수행하는 측면도 있지만, 여성 직장인의 입장에서 본다면 안정된 직장, 좋은 직장에 취직하고 그 직장에서 능력을 발휘해서 승진도 하고 또 정년도 보장 받는 자기 직장 생활을 하는 것이다. 거기에서 성관련 범죄가 발생하는 양상을 보면 상관이나 지휘관에 의해서 발생한다. 일반 회사에서도 직장 내의 지휘를 이용해서 발생하는 걸 성추행, 성범죄로 본다. 군은 상관의 명령에 대한 복종이 크게 강조되는 조직이다. 그렇다보니 상관이나 지휘관의 잘못된 명령이나 강압으로부터 여군의 인권을 보호해야 하는 과제가 생긴다.

조금 더 자세히 들여다보면 우선 부사관이나 여성 장교나 장기 복무를 원하는 경우가 많은데, 어떤 통계에 따르면 경쟁률이 10:1, 20:1이다. 그런데 인사고과에 지휘관의 평가가 상당히 큰 비중을 차지한다. 그런데 성범죄 사건이 일어난 시기를 보면 장기 복무심사에 임박해 나는 경우가 대부분이다. 그래서 장기 복무를 평가하는 방식을 바꿔야 한다는 지적이 많다. 지휘관 재량에 의해 평가하는 항목의 가중치를 줄인다든지 하는 방식으로 개선이 필요하다.

Q 최근 각 부대에 수신전용 핸드폰까지 지급했다. 하지만 군대에 전화가 있어도 선임들 눈치가 보여 사용하지 못하겠다는 사병들도 많다.

A 윤 일병 사망 사건이 일어났을 때 그 부대에 갔다. 근데 실제로 집단 폭행을 계속 당했던 의무 부대 숙소와 국방 헬프콜로 전화를 걸 수 있는 공중전화와 그 거리가 20미터밖에 떨어져 있지 않았다. 그런데 거기까지 가지도 못한 것이다. 갈 꿈도 못 꿨을 것이다. 폐쇄된 집단 안에서 폭압적 분위기에 짓눌려 있기 때문에 공포심에 못 간 것이다. 그런 것들이 바로 개선되어야 한다. 기존에 있는 헬프콜 같은 것만 가지고는 안 된다고 생각했기 때문에 휴대폰을 군에 보급해서 언제든지 부모에게 전화를 걸 수 있게 하자고 한 것이다.

Q 지난 6개월 동안 병영 특위 활동하며 가장 기억에 남는 순간은 언제인가?

A 나는 의원생활 전에 출판사 사장을 해서 많은 책을 편집하고 발간한 사람이다. 그래서 책, 독서에 대해 관심이 많다. 최근 군 GOP에 북카페를 기증하는 전시회를 했다. 국회 앞에서. 그것을 보고, '아! 이렇게 해주면 장병들의 자기 계발에 많은 도움이 되겠구나!'하고 느꼈다. 그리고 지금 몇 백 개를 기증 받아서 하겠다는 거 아닌가. 예산도 좀 늘리는 데도 힘을 쏟았고, 참 보람된 일이었다.

2015. 3. 19
윤후덕 의원이 남수단에 파견되어 평화유지 임무를 수행중인 우리 군 한빛 부대를 방문해 장병들을 격려하고 있다.

여군 1만 명 시대, 그러나 현실은...

1962년 국방부는 '제1회 미스 여군 선발 대회'를 열었다. 장소는 육군본부 강당이었는데, 드레스 심사와 수영복 심사까지 있었다고 한다. 군복 맵시를 본 게 차이라면 차이일 뿐 일반 미녀 대회와 다를 바가 없었고, 그 1, 2, 3 등 표현도 미스코리아처럼 진, 선, 미로 했다. 나중에 이는 군인이라는 이미지에 걸맞게 용, 지, 미로 바뀌기도 했지만 여군 선발대회가 아니라 미스코리아 대회의 여군 예선 대회라는 오명을 받으면서 결국 1972년 대회를 마지막으로 폐지되었다.

당시 군이 예상(?)치 못했던 사회적 질타를 받으면서까지 미스 여군 선발대회를 실시한 이유는 다분히 '홍보' 때문이었다. 가부장적인 사회인식이 조선 시대와 크게 다를 바 없었던 한국전쟁 이후 시기인 데다, 워낙 남성들의 고유 영역처럼 인식되어온 군대에 여성들의 지원을 받기 위한 하나의 방안 가운데 하나였다.

2015년 현재에 이른 지금은 어떤 이벤트성 홍보가 아닌 여군 모집, 그 자체만을 위해 미스 여군 선발대회를 개최할 필요는 없을 정도라는 것은 너무나 분명해 보인다. TV에서 남군 사이에 섞인 여군을 보는 게 더 이상 신기한 일도 아닐뿐더러 식당이든 길에서든 삼삼오오 모인 군인들을 볼라치면 인솔자나 선임자인 듯한 여군 한 명쯤 함께 있는 일도 자연스럽게 느껴진다.

우리나라 여군 병력은 전체의 약 5% 정도로 숫자가 상대적으로 작지만, 그 비율과 활동분야는 더 넓어지고 있다. 예전에는 간호나 통신 정도를 여군의 전담 임무로 여겼지만 이제는 전투부대는 기본이고, 포병과 작전, 전투기, 헬기, 보급함정, 전투함정 등등 그 분야를 가리지 않고 거의 모든 분야에 걸쳐 골고루 포진해 있다. 여군을 볼 수 없는 곳은 기갑과 잠수함 정도인데, 이 정도면 가히 세계 최고 수준 활약이라고 할 수 있다.

특히 사관학교 입학에는 1997년 공군사관학교가 가장 처음 여성 입교를 허용하고 이듬해 육군사관학교가 그리고 마지막으로 1999년에 해군사관학교가 여성들에게 문호를 개방한 이래로 평균 40~50대 1의 경쟁률을 보이고 있다. 이처럼 여고생들의 관심은 가히 폭발적이다. 이런 경쟁률을 거치다 보니 졸업생 수준도 당연히 높아서 육, 해, 공 각 사관학교 수석 졸업생은 거의 해마다 여생도 차지가 되고 있다.

이렇게 겉으로만 보면 여군이 남성 병사들과의 경쟁을 하는 데 있어 아무런 문제가 없어 보인다. 하지만, 여군은 그 여자라는 신체적 요인 때문에 남자라면 겪지 않아도 될 고통이 상당하다.

여군들에게는 특히 생리 불순, 요도염, 결석 같은 질환이 많은데 이는 여군의 경우 훈련을 할 때 화장실 사용에 제한을 받는 것이 가장 큰 요인으로 작용하고 있다. 예를 들어 남성 군인들은 행군 도중 소변이 급할 경우 대충 적당한 장소를 잡고 등만 돌린 채 비교적 눈에 안 띄는 곳이라면 그곳에서 볼일을 볼 수 있지만, 여군은 이것 자체가 대단한 고역이 아닐 수 없다. 또한 남성들 사이에서 멀리 떨어진 곳으로 눈치 못 채게 일을 마쳐야 하니 그 얼마나 스트레스가 심하겠는가. 실제로 중대장 보직을 맡고 있는 여군들은 행군 훈련이라고 할라치면 물을 일절 마시지 않기 까지 한다고 한다. 몸 안에 남은 수분 한 자락이 아쉬운 상태로 극한의 수준까지 자신의 몸을 밀어붙이는 것이 행군인데 여기에 수분 섭취까지 뚝 끊이지 병이 안 나려도 안 날 수가 없다.

교육대상을 잘못 잡은 듯한 성폭력 예방 교육도 문제다. 여성가족부 산하 양성평등진흥원은 지난 2011년부터 2014년까지 총 5

개 과목으로 국방부 성교육 사업을 시행하였다. 이 교육 과정에는 1,320명이 다녀갔다. 하지만 이 가운데 장성급은 단 1명에 불과하고 영관급은 134명에 불과했다. 10에 9명이 위관이나 부사관, 사병이었다는 말인데, 군내 여군 성폭력 가해자의 70%가 영관급 이상이라는 점을 고려하면 잘못 짚어도 한참 잘못 짚은 것이다. 교육 대상 영관장교 성비 역시 남녀 각각 71명과 64명으로 남녀군간 성비가 절대적으로 남성 우위라는 점을 고려하면 5:5에 가까운 피 교육생 선정 또한 문제가 심각한 것이다.

우리 군은 미국이나 다른 선진국 군대처럼 모병제가 아닌 징병제이다. 그리고 당연하게도 군대는 남성 다수의 집단이다. 따라서 기본적으로 여성의 책임은 눈에 띄면서도 권리는 보장받지 못하거나 중요하게 인식되지 못할 가능성이 크다. 다수의 이슈나 관심사항이 아니기 때문이다. 특히 징병제라는 측면에서 일반적인 수준의 '성 인식'은 선진국의 그것 수준에 필적하지 못할 가능성이 크다. 따라서 성폭력 예방교육이나 성 인지 교육은 매우 중요하게 다루어져야 하지만, 앞서 살펴 본 바와 같이 실상은 그렇지 못하고 있다.

특위위원 핫! 인터뷰 – 남인순 위원

남인순 의원은 이번 특위에서 군 성폭력 대책 및 군 의료체계 개선 소위원회에 참가하며 군대 내 성폭력 사고에 대한 분석과 혜안을 찾는데 많은 구슬땀을 흘렸다. 다음은 남 의원의 이야기이다.

Q 군대 내 일어나는 성폭력 사건에 대해서 바라보는 시각이 남다르고 원인에 대한 분석도 있는 것 같다.

A 군 성폭력뿐만 아니라 성폭력 자체가 권력관계에서 발생하는 경향이 있다. 그런데 군대는 더더욱 힘의 서열화가 분명한 사회다. 때문에 군대 안에서의 성폭력은 성폭력 문제의 전형적인 형태라고 할 수 있다. 가해자의 37%가 대위이거나 영관급이고, 피해자의 60%가 부사관급이다. 피해자 가운데 하사가 또 많은데, 그런 이유 가운데 하나가 장기복무 문제이다. 하사 등 부사관 피해자 가운데 상당수가 장기복무 예정자라는 점이다. 장기복무를 하려면 그것에 대한 선발권이 거의 지휘관에게 돌아간다. 지휘추천 배점이 결정적이기 때문이다. 그런 부분에서 위압관계, 상하관계에 영향을 미칠 수밖에 없기 때문에 성폭력 문제가 발생하더라도 군대라고 하는 특수성 때문에 드러내지 못 한다.

Q 가해자가 피해자보다 서열이 높으니까 신고를 하지 못 하는 것을 바꾸기 위해서는 어떤 대책이 필요하다고 생각하나?

A 제일 큰 문제가 외부에서 개입이나 지원을 하기 어려워서 성폭력 문제가 은폐되는 경우다. 징계위원회나 조사에 외부 사람들이 참여할 수 있도록 해야 한다. 그리고 지휘관이나 장교들의 인식이 갑자기 몇 시간 교육 받는다고 바뀌진 않는다는 점도 고려해야 한다. 따라서 각 군 사관학교 교과 과정에 성 인지 교육이나 양성평등 교육, 인권 교육 같은 것을 아예 정규 과목으로 편성해서 장교로 나올 때부터 균형잡힌 성 인식을 갖도록 하는 것이 가장 근본적인 해법이다. 지금 현재 교육을 보면 세 시간 정도의 교육을 한다든가, 너무 많은

인원을 대상으로 해서 한다든가, 이렇게 교육을 하고 있는데 그 방식도 바꿔야 한다. 특히 지휘관들이나 병사들이나 교육을 할 때는 토론식 교육을 반드시 해야 한다. 그냥 비디오 같은 것 보여주는 것이 아니라 가급적이면 토론식 교육을 할 수 있도록 바꿔야 한다. 당장은 할 수 없으니까 우선 장교급 이상의 교육을 할 때부터 바꿔야 한다. 또 그런 교육을 하려면 강사가 있어야 하는데, 현실에서는 적절한 강사가 없다. 그래서 군에서는 양성평등교육원과 연결하고 있는데 이 전문 강사들도 군이라고 하는 특수성을 이해해야 한다. 예비역 중에서 성폭력예방교육 전문강사를 양성하는 것도 하나의 방법이다. 군 출신 및 민간 양쪽에서 전문가가 많이 배출되어 전국에 있는 군대를 일일이 찾을 수 있도록 체계가 보강되어야 한다.

파주지역 전방부대를 방문한 남인순 의원이 취사병과 함께 병사들을 위한 점심을 손수 준비하고 있다.

2015. 4. 8
병영독서카페1호 기증식 및 전시행사에서 남인순 의원이 장병들과 내부를 둘러보고 있다.

CHAPTER **2**

군대(軍隊)를 군대(軍大)로!

어떤 나라

군대(軍隊)를 군대(軍大)로!

이제는 바꿔보자!

1
어떤 나라

 '군대'와 '폭력', 돌고 도는 관계

"대한민국 학교! 조카라고 그래!!"

이 무슨 말인가! 대한민국 학교가 삼촌도 아닌 조카라니?? 사실은 국회 출판물로서 남성의 성기를 말하는 이 은어를 차마 적지 못해 일상적인 심의(?)에 걸리지 않을 만한 다른 비슷한 소리 말을 차용한 것이니 독자들께서는 눈치껏 새겨서 들으시라!

보자마자 단방에 기억들이 날 것이다. 이 발칙(?)하기 그지없는 말은 권상우 주연 영화 '말죽거리 잔혹사'에서 나오는 대사로 주인공 권상우가 선도부이자 학교 짱인 동급생 무리를 학교 옥상에서 곤죽을 되도록 흠씬 두들겨 팬 뒤 내뱉는 일갈이다. 화면에서는 현역 군인과 똑같이 군복을 입은 교련 선생이 권상우를 잡으려다가 이 갑작스러운 일갈에 어안이 벙벙한 채 황당해 하고 만다.

영화는 꿈도 있고, 우정과 사랑도 있었던 한 청소년이 어떻게 폭력에 물들어 가는지를 자세히 보여준다. 영화가 말하려던 것은 폭력 앞에서 무너진 '순수'라고나 할까. 여하튼 영화를 보면 그 군복을 입은 선생님은 학생들을 참 때리기도 많이 때린다. 소지품 검사해서 때리고, 장학사에게 투서 넣었다고 때리고, 기타 등등 사소한 규율을 어겼다고 때리고…

그 폭력도 무지막지해서 도대체 사람 되라고 때리는 사랑의 매인가, 아니면 조직폭력배 싸움인가 알다가도 모를 정도다. 영화이다 보니 약간 과장이겠지만, 지금 30~40대 이상의 과거 학교생활을 추억해보자면 얼추 그렇게 틀린 이야기도 아니다.

그런데 이렇게 무지막지한 폭력이라면 폭력을 행사한 장본인이

하필이면 왜 군복을 입은 교련 선생님이고 영화를 보는 관객들은 그것에 그다지 어색함을 느끼지 않는지는 한 번 생각해볼 필요가 있다. 굳이 이상한 것을 느꼈다는 어떤 관전평도 없으니 말이다.

그것은 바로 우리 사회에서 군대가 그만큼 폭력이라는 이미지와 맞닿아 있기 때문이 아닐까 조심스럽게 진단해본다. 사람들의 머릿속에 군대라는 이미지가 워낙 폭력으로 점철되어 있으니 사람을 곧 죽일 것 같은 폭력을 휘두르는 사람도 군인인 게 하나도 이상하지 않은 것이다.

군대가 곧 '폭력'이 되어버린 이 현실에는 물론 많은 원인이 있을 것이다. 거기에는 실질적인 것도 있고, 단순히 이미지적인 것도 있다. 무시할 수 없는 것은 우리 국민들이 역사적으로도 군대를 폭력으로 인식할 수밖에 없는 불운한 경험을 가지고 있다는 점이다.

당장 아직도 경험 세대가 적지 않은 한국전쟁 자체가 하나의 커다란 폭력이었다. 서로를 죽이고 죽는 아수라장을 전 국민이 겪었고 그런 공통 인식이 자자손손 흐르고 있다. 물론 군대가 어쩔 수 없이 그 '합법'적인 폭력을 행사할 수밖에 없는 주체이긴 하지만, 일단 군복을 입은 사람들은 민간인들에게 무서운 존재였던 것만은 사실이다. 이쪽 편인지 저쪽 편인지 모르는 상황에서 군복을 입은 사람들에 의한 민간인 희생이 생겨났고, 거기에는 정말 하늘이 원통하다 못해 저주스럽다고까지 할 억울한 사연도 많았다.

여기에 곧이어 출범한 군부 정치인들의 사회 지도 방식도 한몫을 했다. 군내에서도 유능한 그래서 수위를 달리며 당연히 처음부터 끝까지 '군인'다웠던 그들은 사회에서 또한 군인의 '일사불란' 정신을 강조하였고, 이것은 자연스럽게 그때마다 그 시대의 통치이념, 사회이념으로 녹아들어 갔다고 해야 할 것이다.

원래 국가의 폭력은 합법적이어야만 한다. 그 대표적인 것이 경찰과 군대이다. 그런데 어디 처음부터 끝까지 합법으로 시작해 합법으로 끝나는 것이 쉬운 일인가. 때로는 '일부 불법'이 끼고 일부 '합법'이 훼손당한다. 합법이든 불법이든 '폭력'을 기반으로 한 조직에서 어떤 형태로든 '폭력'이 서로를 잇는 관계언어가 되고, 때로는 다른 영역의 사람들에게까지 그것이 영향을 미치는 것은 어찌 보면 당연한 일일 수도 있다.

문제는 합법적인 폭력을 업으로 하면서 불법적인 폭력에 노출될 수밖에 없는 상황에서 그런 군대를 다녀온 사람들로 사회 구성원들이 채워지는 구조였다는 점도 스펀지 마냥 폭력을 받아들이기 쉬운 결과를 가져온 점이 있다.

 시작은 무엇인지 모르겠으나 군대에서 폭발한 폭력이 사회 전반으로 퍼지고 사회가 다시 그 폭력을 확대 재생산한다고 할까? 물론 군대가 유일한 원흉이고 죄인이라고 할 수는 없다. 다른 교육의 문제, 문화의 문제 같은 것들도 분명히 있을 것이다. 그런데도 우리 사회를 바라볼 때 군대와 폭력을 따로따로 떼어 놓고 생각할 수는 확실히 없는 것이다.

 군부정치가 너무 오래 지속된 점도 우리 사회의 폭력성을 없애는데 걸림돌이 되었다.
 사회의 맨 꼭대기 지도층이 군부인데 합법이든 불법이든 그들의 화법인 폭력을 사회에서 없애는 게 과연 쉬운 일이었겠는가. 확실히 어려웠다. 때문에 폭력은 우리 안에서 그 나름의 방식으로 자기 자리를 꿰차고 앉아 역시 압축성장과 함께 자기방식대로 그것 또한 성장했다.

학교에서는 학교폭력으로, 직장에선 직장폭력으로 그리고 성폭력으로 아니면 언어폭력으로 형태를 분화하며 성장했다.

정병국 위원장이 해병대를 방문하여 장병들과 대화하고 있다.

'군대식'이라는 말

'군대식'이라는 말이 있다. 네이버 사전에서 이 말을 찾아보면 다음과 같이 나온다.

군대식(軍隊式) :
군대에서 하는 것과 같은 방식. 질서나 규율을 중시하기 때문에 개인의 자유로운 행동이나 의견을 용인하지 않는 경우가 많다.

여기에 활용 예문으로는 다음과 같이 들고 있다.

- 그 선생님은 우리를 군대식으로 엄하게 다루었다.
- 끝을 짧고 또렷이 맺는 군대식 대답이었다.

확실히 '군대식'이라는 말은 무언가 '강제적인' 그리고 '엄격한' 등등의 뉘앙스를 풍긴다. 특히 종종 어떤 사람을 표현할 때 당사자를 잘 모르는 누군가에게 그를 소개해야 할 때 쓰는 경우가 많아서 "그 사람은 좀 군대식이야.", "후배들 다루는 게 군대식이어서 부하 직원들이 매우 힘들어 하지" 등등으로 쓰곤 한다.

이번에는 '폭력'을 같은 사전에서 찾아보자. 네이버 사전은 폭력을 이렇게 말한다.

폭력(暴力) :

남을 거칠고 사납게 제압할 때에 쓰는, 주먹이나 발 또는 몽둥이 따위의 수단이나 힘. 넓은 뜻으로는 무기로 억누르는 힘을 이르기도 한다.

그리고 관련 어휘를 다음과 같이 그래픽으로 연관 지어 놓고 있다.

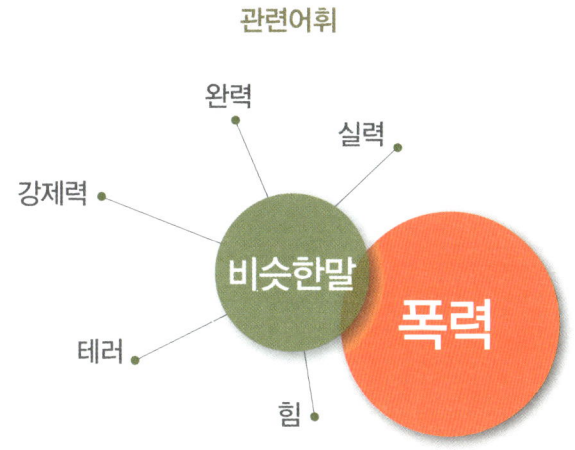

〈출처 네이버 사전, '폭력' 검색〉

흥미로운 점은 위의 '폭력'의 연관 단어로 '강제력'을 보여주고 있는데 앞서 우리가 찾아보았던 '군대식'이 '개인의 행동이나 자유를 용인하지 않는'으로 설명한 '강제적인'과 결국 연결될 수밖에 없다는 점이다.

돌고 돌았는데 요는 결국 '군대식'이라는 말은 '폭력적인'의 한 갈래가 되는 셈이라는 말이다. 군대에서 쓰는 방식은 '폭력적인'으로 우리말에 녹아들어 있으니 군대는 어느 정도 폭력적인 단체이고 폭력적일 수밖에 없는 걸 인정할 수밖에 없다는 말로도 읽힌다.

슬프고 안타까운 것은 이렇게 '군대' 하면 곧 '폭력'이 되어버린 현실이다. 도대체 군대처럼 하는 게 무엇이길래 폭력을 그 이미지로 심어버리는지 평생을 군대에 몸담으며 나라에 충성한 국민이나, 병역 의무를 다한 젊은이들에게는 안타까울 노릇이다.

물론 군대 밖에서의 '군대식'이라는 말은 결단코 극히 일부를 제외하고는 물리적으로 누굴 때리는 등의 이미지만을 갖지는 않는다. 가끔 운동선수들이 선배들에게 얼차려를 받으며 구타를 당하는 모습에서 그런 극단적인 이미지를 떠올리게 하지만, 일반적으로는 자신보다 하위 직급의 의견은 무시하고 높고 낮은 지위에 따라 상급자의 의견만을 중시하는 등의 이미지로 쓰이는 게 사실이다.

그렇다고 해도 결코 기분 좋은 소리가 아닌 것만은 확실하다. 누구라도 자신의 상사가 새로 왔는데, 소문이 완전히 군대식이라면 좋아할 사람은 열에 하나라도 되겠는가. 열이면 열 싫으면 싫다고 하지 좋다고는 못할 것이다.

그런데 간과할 수 없는 것은 이런 군대식이라는 성향을 갖는 사람들이 그런 식으로 행동하는 데는 나름의 또 이유가 있다는 것이다. 그것은 바로 '일사불란함'과 '빠른 의사결정'일 것이다. 어떤 가시적인 성과를 빨리 내기에는 이 '군대식'이라는 것이 확실히 효과적이라는 말이다.

사회에서 가장 '군대식'이라고 할 만한 조직은 기자 사회이다. 이들의 하루 생활이라는 것이 이렇다. 아침에 눈을 뜨면 바로 자기 담당 출입처(자신이 맡고 있는 분야의 뉴스취재를 위해 방문해야 하는 곳)로 간다. 가서는 일단 조간신문을 펼쳐 들고 많게는 십수 개 신문사들이 어제부터 밤사이까지 쏟아낸 기사들을 모두 숙지한다.

그런 뒤 자기 출입처의 일정과 자신이 오늘 쓸 기사를 간략한 내용과 함께 자신의 상사(보통은 데스크 또는 팀장이라 부른다)에게 유선전화 또는 이메일로 보고를 한다. 그러면 이것을 통보받은 회사 안의 데스크는 부하 기자들에게서 올라온 내용들을 모두 취합하고 이것을 갖고 각기 다른 분야를 맡고 있는 또 다른 데스크들과 회의를 연다. 이 회의에서 어떤 기사를 오늘 신문에 또는 방송에 내보낼지 결정하는 데 회사마다 차이가 있지만 대개 이 시간이 아침 8시 반을 넘지 않는다. 이제 여기에서의 결정이 각각 현장의 기자들에게 하달되는데 기사가 담아야 할 주제와 방향 그리고 간략한 요구사항이 지시의 형태로 전달된다. 그러면 이 때부터 본격적으로 기자들은 자신이 맡은 기사를 위한 취재와 기사작성에 돌입하게 된다. 그런데 때로는 돌발적인 상황들이 발생할 수밖에 없는데 갑자기 큰 사고가 났다거나 편집방향상 더 중요한 기삿거리가 있어 지시가 바뀌기도 한다. 여기서 기자들은 이 지시에 즉각적으로 응답해야 하고 또한 언제든 그런 지시에 응할 수 있도록 핸드폰은 켜둔 상태여야 한다.

"한번은 전날 마신 술 때문에 잠깐 사우나를 갔었어요. 뭐 다른 사람들처럼 푹 몇십 분 쉬려고 간 게 아니라 술이 워낙 덜 깨기도 하고 급하게 부랴부랴 나오는 바람에 몸을 좀 씻으려고 간 것이죠.

잠깐이었지만 그래도 샤워를 하니 개운한 느낌이 들어서 혼자서 콧노래를 부르며 탕을 나왔죠. 이제 옷을 입고 막 신발을 신으려는데 갑자기 핸드폰이 울리는 거예요. 가장 먼저 들은 말이 뭔지 아세요?"

"뭔데요?"

"야 이 xxx야! XX야!" 욕이었습니다. 회사 데스크였는데 핸드폰을 옷 속에 넣어뒀다가 전화가 온 지 몰랐던 거예요. 갑자기 브리핑이 생겼는데, 그곳 담당자가 오늘 휴가이니 대신 빨리 가라는 것이었습니다."

일화처럼 이야기하지만 이 기자의 미소 속에서 왠지 쓴맛이 느껴졌다. 이 기자는 곧바로 브리핑장소로 떠났고, 부랴부랴 그 시작을 맞출 수 있었다. 그리고 그날 밤 저녁 뉴스는 이렇게 샤워하다 욕먹은 기자의 기사가 제시간에 전파를 타고 시청자들에게 전달될 수 있었다.

'군대식'이란 이렇게 어떤 기한이 정해진 일을 역시 정해진 목표대로 해내는 데 있어서 위력을 발휘하는 마력이 있다. 속전속결의 의사결정과 일사불란한 움직임, 한 마디로 최고의 효율성을 발휘하는 데 있어서 이 만큼 효과를 발휘하는 일 처리 방식도 사실상 드물다. 물론 오랜 된장 숙성하듯 기다림 끝에 창의력을 발휘하고 그것이 엄청난 양의 부가가치를 만드는 경우도 있지만 일단 기한이 정해진 일에 대해서만큼은, 그리고 되도록 빨리 처리해야 하는 일에 있어서만큼 '군대식'이 곧 '효율성'이라고 해도 과언이라 할 수는 없을 것이다.

실제로 군대식이라는 이미지를 갖는 조직으로 떠올릴 수 있는 것이 경찰과 검찰 조직을 들 수 있는데, 이들 모두 어떤 정해진 시간에 쫓기어 일을 한다는 점에서 일맥상통한다. 경찰은 범인을 체포하면 그 사람의 변호인이나 가족 등에게 24시간 이내에 체포 사실을 알려줘야 한다. 가장 중요한 것은 구속영장 신청인데 36시간 이내를 지켜야 한다. 경찰로부터 영장 신청을 받은 검사는 다시 12시간 안에 구속영장을 법원에 청구해야 한다. 법원에서 구속영장이 기각될 경우에는 즉시 석방하지만, 구속영장이 발부되면 경찰서 유치장에 구속(10일 이내)할 수 있다. 검찰은 다시 이 범인을 법정에 세우기까지 추가로 열흘을 더 쓸 수 있어서 결국 20일 안에 검찰은 수사를 마쳐야 한다.

비단 경찰과 검찰이 시간에 쫓겨서 '군대식'인 이유인 것은 아니다. 상하의 위계질서가 있으니 누군가는 지시하고 누군가는 따라야 하니 구조상 군대조직과 같은 것도 있지만 또 하나, 그들이 다루는 일이 국민의 소중한 생명과 재산이기 때문에 자신들끼리의 인권과 평등한 의사소통은 어느 정도 희생할 수밖에 없는 사정이 있는 것이다. '폭력만'으로만 보이는 '군대식'에는 이런 이면의 얼굴이 분명히 있다.

 **압축 성장의 배경, 군대식 '효율성'**

앞서 군대식 조직의 예로 기자와 경찰, 검찰을 들었는데 여기에 둘째가라면 서러운 조직이 또 하나 있다. 드라마 미생으로도 친숙한 상사 조직으로 대변되는 대한민국 대기업이 또한 그들이다.

아프리카에서 오리털 파카를 팔고 알래스카에서 냉장고를 팔았다는 대한민국 상사맨들. 그들이 없었다면 아마 오늘의 대한민국은 없었을지도 모른다. 드라마 '미생'을 보아서도 이해하겠지만 이들의 업무 진행 방식이라는 것이 그렇다. 일단 상명하복 방식이다. 물론 창의적인 회의가 있고, 부하 직원의 민주적인 의사 표현이 있지만 그것은 상사의 지시를 따르고 난 다음의 일이다. 오랫동안 준비한 기획서가 한 번에 날아가기도 하고 어떤 때는 실패의 쓴맛을 보기도 하지만 일단 상사의 지시 안에서 이루어진다. 어느 날 갑자기 상사가 다른 일을 지시해도 그것을 향해 무한질주, 달려가는 모습을 보여준다.

그들 안에서 일하는 방식은 굉장히 비민주적일지라도 이들은 어쨌든 목적한 바를 이루고야 만다. 여기서 동원되는 정신이 바로 '하면 된다!'는 도전 정신인데 이야말로 군대식 사고방식인 '안 되면 되게 하라!'가 아닌가.

이런 식의 일 처리 방법이 항상 옳다는 것은 아니지만 지난 짧은 세월 우리는 확실히 그 효과를 보았다. 생면부지 아프리카에서, 자칫 테러집단에 끌려갈지도 모르는 중동에서, 그리고 왜소해 보이는 체구에도 불구 거대(?)한 나라 미국에서, 유럽에서 우리는 그렇게 세계를 상대로 매우 짧은 시간에 이 나라를 '도움을 받던 나라에서 도움을 주는 나라'로 변모시켜 놓았다.

비단 상사맨의 이야기에만 국한되는 것은 아닐 것이다. 대기업 총수는 마치 군대의 장군인 양 앞장서서 경제전쟁을 치러왔고, 그 아래 임원들은 참모가 되어서 그리고 간부는 장교로 직원들은 병사로 각자 자신의 위치에서 최선을 다해 왔다.

다른 나라와의 수출경쟁을 마치 전쟁처럼 여겼고, 군대에서 배워온 충성심을 애사심으로 바꿔서 예의 희생의 대상을 국가가 아닌 회사로 바꾸는 등 자신의 인생을 모두 건 '군인정신'으로 '군대식' 일 처리를 추구하며 최고의 효율을 일구어왔다.

어쩌면 우리가 이렇게 짧은 시간에 이만큼 성장하는데 있어서 '군대식'은 필수 불가결했었는지도 모른다. 그 잘잘못이나 옳고 그름을 말하는 것이 아니라 확실히 '군대식'이라는 방식은 우리 사회를 이만큼 압축 성장하는 데 상당히 유효적절했다는 말이다.

하지만 모든 사물에는 장단점이 있듯이 '군대식'이라고 왜 단점이 없겠는가. 확실히 그 단점은 바로 병영문화 혁신위원회가 목적으로 삼고 있는, 종국에는 퇴출하고 싶은 '폭력', 바로 그것이다.

우리는 확실히 '군대식'의 성과에 취한 나머지 그것이 자아내는 찌끼가 우리 옆에 그리고 우리 머릿속에, 언어 속에 그리고 삶의 방식 속에 조금씩 조금씩 쌓여 온 것을 간과했다.

때문에 사회에서 복잡다단하게 나타나는 폭력의 방식들에 대한 주요 원흉으로 '군대식' 문화를 드는 데는 대저 이런 이유가 있는 것이다. 언어폭력이나 직장 내 성폭력이 일어날라치면 군대식 상하 위계질서가 가장 큰 원인이라고 하고, 운동부 코치가 성적이 저조한 학생들에게 구타하다 적발되면 아이들을 군대식으로 다루었다고 말한다.

이렇게 사회 저변 속에 군대를 다녀온 사람이든 다녀오지 않은 사람이든 우리는 어느 정도 군대식 문화가 남긴 여러 형태의 폭력에 젖어들어 있거나 아니면 그것과 대립하거나 그것도 아니면 그 중간 어디쯤에서 살고 있는 셈이다.

그러나 앞서 짚었듯이 '군대식 문화' 그 자체를 저주하거나 아니면 '폭력'의 유일한 원흉으로 삼아서는 안 된다. 짧은 시간 압축성장 하면서 다른 나라 수준에 오르기까지 어쩌면 우리가 숙명처럼 밟았어야 하는 전 단계였을지도 모를 뿐, 이제부터라도 고쳐나가는 것이 더욱 중요한 일일 것이다.

2004. 1. 22
김종태 의원이 육군 제15사단장 재직시절 장병들과 함께 즐거운 시간을 보내고 있다.

특위위원 핫! 인터뷰 – 김종태 위원

김종태 의원은 야전부대 소대장에서 육군 제15 보병사단장, 국군 기무사령관까지 거친 그야말로 군통(群通)이다. 우리 군을 알아도 '너무' 잘 알고 있는 김 의원과 이야기를 나눴다.

Q 일련의 사건 사고 때문에 군에 대한 인식이 부정적이다. 우리 군만의 장점은 없을까?

A 일본 학자들이 한국을 부러워하는 게 있다. 한국은 징병제 덕분에 군에 가서 인내심, 단결심, 목표를 향해서 하나로 가는 것, 이런 것을 터득한다는 것이다. 그런 것은 일본이 그건 도저히 못 따라가겠다고 굉장히 부러워하는 부분이다. '대한민국이 지금까지 고도성장할 수 있었던 배경 가운데 하나다'라고 말한다. 덧붙이면 지금 군인들이 옛날 군인보다 더 우수한 것도 있다. 옛날엔 대부분 형제가 많았다. 거기서 자란 형제들은 무엇을 잘못했을 때 부모님이 '이거 누가 했어?' 하고 물으면 그저 회피하려고 한다. 자연스럽게 그렇게 된다. 익명효과다. 이 세대 사람들은 군대에서도 문제가 생기면 우선 모면하고 본다. '네가 했느냐'고 물으면 '제가 안 했습니다'라고 하고 '배가 고프냐'고 물어보면 배가 고픈데 '안 고픕니다'고 한다. 가식이 있다는 것이다. 그런데 지금은 한두 명을 낳는다. 이 아이들은 핑계 댈 형제가 없다. 그 차이가 군대에서도 나타난다. 문제가 생기면 '이거 제가 했습니다'하고 당당하게 받아들인다. 무엇을 잘못했는지, 이해를 하면 목숨을 바쳐서도 수긍한다. 힘들거나 어려워도 회피하지 않는다. 때문에 지금 병사들을 이해시키고 설득시키면 굉장한 강군이 될 수 있다. 그렇지 않아도 고학력자인 병사들인데 해야 할 이유, 싸울 이유를 알게 된다면 그야말로 엄청난 힘을 발휘하게 될 것이다.

Q 병영 특위 활동에서 문화 공연의 중요성을 언급하셨잖아요?
많은 코드 중에서도 문화에 집중하는 이유가 있는가?

A 문화가 가진 힘 가운데 하나가 일상생활에서 받는 스트레스나 갈등, 정서적인 긴장 이런 것들을 완화하고 자기 자신을 컨트롤 할 수 있는 것이다. 그런데 군인들은 문화 활동하고 전혀 관계가 없다. 안타깝게 생각하는 것이 지금 야구장, 축구장이 나오는 TV 화면을 보면 텅텅 비어 있다. 또 연극, 오페라, 국립공연단 자리도 마찬가지이다. 그런 곳에 병사가 군복을 입고 부모나 애인과 같이 갈 수 있도록 무료로 입장시켜주면 그 부모가 '내 아들 군대 간 덕에 내가 무료로 들어 왔구나' 할 것이다. 그 돈이 얼마나 되겠냐? 휴가 와서 병사들이 뒷거리에서 술 먹고 게임하는 것보다는 양지에서 체육 활동, 문화 활동, 이런 정서 활동을 하면 매우 좋은 에너지를 충전해서 귀대할 것이다. 제대하고 나면 또 결혼해서 낳은 자식 데리고 가족 데리고 그런 곳을 찾을 것 아니냐? 군인도 국민이다. 그 국민들을 군 생활할 때 문화 체육 활동을 많이 하도록 해서 건전한 청년으로, 건전한 국민으로 양성해서 내보내야만 비로소 우리는 문화 국가가 될 것이다.

2004. 6. 18
김종태 의원이 육군 제15사단장 재직시절 현장지도를 위해 전방 GP/GOP를 방문했다.

 대한민국 산업화 이끈 군대문화

　어떤 나라가 있었다. 전쟁이 끝난 지 얼마 되지 않아 거리에는 몸 이곳저곳이 잘리고 부러진 사람들이 넘치고, 어린아이들은 식구들의 한 끼니 국수 값을 벌기 위해 온종일 쭈그려 앉은 채 구두를 닦는다. 이 나라에서 만든 물건은 조잡하기 그지없어서 관광지 기념품조차 제대로 살만한 것은 눈을 씻고 찾아봐도 없다. 이 나라 끝에서 다른 끝으로 여행이라도 갈라치면 달구지처럼 덜컹거리는 버스를 타거나 하루에 몇 번 없는 기차를 타는 게 가장 빠른 수단이다. 가는 데만 하루 걸리면 그나마 운이 좋은 것이다.

　또 다른 어떤 나라가 있다. 사람들은 최신형 핸드폰을 귀에 댄 채 거리를 걷고 있고, 아이들은 돈이 없어서 못 배우는 것이 아니라 시간이 없어서 못 배우고 세계 어떤 나라 아이에도 뒤지지 않는 교육 서비스의 혜택을 받는다. 이 나라에서 만든 물건은 세계 시장 어디에서나 찾아보기 쉬워서 이 나라에서 만든 핸드폰, 이 나라에서 만든 배, 이 나라에서 만든 반도체, 이 나라에서 만든 자동차는 전 세계인이 함께 쓰고 있다. 이 나라 끝에서 다른 끝으로 여행을 갈 때는 아파트 지하 주차장에서 자신의 차를 타고 가까운 초고속 열차

역으로 이동해 주차를 한 뒤 가장 이른 시간에 도착하는 열차를 탄다. 아무리 늦어도 반나절이면 도착하고 몇 시간이면 다시 돌아오는 일도 충분히 가능하다. 다시 돌아와 자신의 차를 타고 집으로 돌아가기만 하면 그뿐이다.

상식적으로 생각해보자. 이 두 나라는 같은 나라일까? 아니면 다른 나라일까? 아마 외국인들에게 이 글을 보여준다면 도무지 같은 나라, 우리의 조국 '한국'의 동일한 모습이라고 생각하기 쉽지 않을 것이다. 앞은 1953년 한국전쟁이 끝난 직후요, 뒤는 2015년 지금의 모습이다.

그렇다면 이 나라는 언제 어떻게 상전벽해의 성장을 거둔 것일까? 더 정확하게 말해 그 성장의 단초는 언제부터 시작됐을까? 무시하지 못하는 한 가지 사실은 대한민국에서 군부 정치가 나타나면서 경제에서 비약적인 발전을 이룬 것만은 사실이라는 점이다.

전문가들이 꼽는 한국의 고성장 시대는 박정희 정권부터 IMF 구제 금융을 받기 전인 김영삼 정부 말기를 꼽는다. 김영삼 정부가 내림세를 그렸다고 보면 결국 박정희-최규하-전두환-노태우로 이어지는 시기에 압축 고성장이 이루어졌다고 보아야 할 것이다. 다시 한 번 여기서 최규하 전 대통령은 단지 2년밖에 되지 않으니 제외하고 본다면 사실상 박정희-전두환-노태우로 이어지는 군부정치 시대에 현재와 같은 산업화가 완성되었다고 보아야 할 것이고 특히 '한강의 기적'이 시작된 박정희 정권 때 산업화가 시작되고 본격화했다고 보는 것이 타당할 것이다.

시작은 미약했다. 아니 물려받은 것이 없었다. 미국의 원조가 아니고서는 살길이 막막했고, 주요 수출전략이 '토끼를 키워서 털과 고기를 내다 팔자' 정도였으니 무엇을 더 말하겠는가.

비고	연도	GNP	수출(만$)	수입(만$)	1인당 GNI($)	실업률
	1960	2.30%	3,280	34030	79	2.4%
	1961	5.60%	4090	31610	82	상반기 35%
1차 경제개발 5개년 계획	1962	4.10%	5480	39010	87	
	1963	9.30%	8680	56030	100	8.10%
	1964	8.90%	11910	40440	103	7.70%
	1965	8.10%	17510	45000	105	7.30%
	1966	12.40%	25030	69790	125	7.10%
2차 경제개발 5개년 계획	1967	7.80%	33347	89350	142	6.10%
	1968	12.60%	45540	146290	169	5.00%
	1969	15.00%	62250	182360	210	4.70%
	1970	7.90%	83520	198400	249	4.40%
	1971	9.20%	113230	211782	286	4.40%
3차 경제개발 5개년 계획	1972	7.00%	166240	255220	316	4.50%
	1973	14.10%	322550	424030	394	3.90%
	1974	8.70%	446030	685180	540	4.00%
	1975	8.30%	508100	727440	592	4.10%
	1976	15.20%	771510	877736	799	3.90%
4차 경제개발 5개년 계획	1977	12.70%	1000000	1065000	1009	3.80%
	1978	11.60%	1271000	1497000	1399	3.20%
	1979	6.40%	1506600	2033800	1636	3.80%

〈표. 박정희 대통령 집권 시기 각종 경제 지표. 출처: 행정백서, 산업은행 30년사 등〉

표에서 보듯이 제1차 경제개발 5개년 계획 시기, 한국경제에는 기적 같은 일이 일어난다. 두 자릿수 경제성장률이 나타난 것이다.

이 시기 경제 개발의 기조는 "경제적 악순환을 시정하고, 자립경제 달성을 위한 제도적인 기반을 정비"하는 것이었다. 세계 65개 나라에 친선사절단을 파견해 외국자본과 기술 도입을 타진했고, 해외시장 개척을 위한 예비조사도 벌였다. 1964년엔 수출의 날이 제정됐는데, 그야말로 "수출만이 살 길"이라는 의지와 목표의 설정이었다. 농업과 건설 산업 기초를 위한 비료와 시멘트의 확충생산이 이루어졌고, 전력이 무제한 송전 되기도 했다. 다만 철강과 기계 공장은 예산 부족으로 착공을 연기했다고 하는 데 없는 나라의 어쩔 수 없는 서러움이었지만 역시 도전 정신을 더욱 부채질했다.

그 뒤 2차는 고도성장과 공업화를 목표로 정유와 석유화학 단지를 조성하는가 하면 이때 비로소 경부와 호남 고속도로를 지으며 전 국토에 활기를 불어넣었다. 심지어 해외 공관마다 수출목표액을 할당하기도 했는데 그야말로 군대식 밀어붙이기가 아니면 도저히 상상도 할 수 없는 문제해결방식이었다. 3차는 산업구조의 고도화와 안정적 균형성장을 목표로 철강과 선박으로의 진출을 이루어냈는데, 대한민국이 지금은 세계 1위를 달리고 있는 조선업이 이때부터 손을 대기 시작해 조선공업육성계획에 따라 울산과 마산, 옥포 조선소를 착공했다.

평균 8~9%에서 14~15%를 넘나드는 이런 고도성장세의 여파는 이후 전두환과 노태우 두 군부정치가 이어받았고, 고도성장의 행군은 이때도 계속되었다.

'군대식'으로 통칭하는 일 처리 방식은 확실히 비민주성을 기반으로 하는 것이고 의도하든 의도하지 않든 일종의 '폭력'을 유발하기도 한다. 그러나 이렇게 온 사회가 '군대식'으로 수출에 목숨을 걸고 '잘살아보자' 매진하던 때에 비로소 대한민국의 산업화가 태동하고 성장할 수 있었다는 것만은 분명한 사실이다.

특위위원 핫! 인터뷰 – 이학영 위원

국회의원 이전 경력 가운데 시민단체 활동이 두드러지는 이학영 의원의 관심은 단연 '인권'이다. 그래서 이 의원이 군 인권 개선 및 병영문화혁신 특위에 참여한 것은 어찌 보면 운명이었다. 그런 이 의원의 인권관과 군인관을 소개한다.

Q 시민단체 활동과 의정활동을 통해 인권문제에 지속적인 관심을 보여왔다. 군 인권 개선 및 병영문화혁신 특위 위원으로서의 소회가 남다를 것 같다?

A 국민을 보호하는 것은 국가의 의무이다. 군인은 국민을 보호하는 의무를 가짐과 동시에 개별 주체로 국가의 보호를 받는 권리를 가지고 있다. 결국 병영 내 인권유린의 희생자는 국가 폭력에 의한 피해자이다. 군과 같은 특수한 곳에서도 인권이 절대적으로 보호되는 것이야말로 해당 국가의 인권 가치가 올라가는 것이라고 생각한다. 그런 관점에서 이번 특위 역시 그동안 내가 노력해 온 생명, 평화, 인권 운동의 연장 선상이라고 생각한다.

Q 군 인권 개선 및 병영문화혁신 특위 활동 중 가장 중점을 두었던 부분은 무엇인가?

A 군에서 벌어지는 인권 관련 사건·사고들을 보다 투명하게 조사할 수 있는 시스템을 만들기 위해 노력했다. 윤 일병이나 임 병장 사건처럼 온 국민의 관심이 모아지는 충격적 사건이 터졌을 때는 미흡하지만 그나마 조사나 처벌이 이루어지는 편이다. 하지만 언론을 통해 다뤄지지 않는 수많은 사건·사고가 은폐·축소되고 있다는 것이 지금의 군을 바라보는 국민의 시각이다. 따라서 나는 중립적인 외부의 기구가 이 문제를 맡아 처리하는 것이 필요하다고 판단했다. 특위의 최종 결론은 국가인권위원회가 기능을 보강해 이 역할을 하는 것으로 합의되었다. 입법 등 후속 논의가 빨리 진행될 수 있도록 끝까지 노력하겠다. 국방부 역시 적극적인 자세로 권고안을 받아들이기를 바란다.

Q 군인권보호관 제도와 그 논의과정에 대해 좀 소개해달라

A 인권위원회에 도입될 군인권보호관의 세부적 내용은 법으로 정해져야 한다고 본다. 꼭 필요하다고 생각되는 부분은 세가지다.

1. 철저한 독립성의 보장
2. 부대방문권과 자료요구권 등 활동에 필요한 권한의 보장
3. 신고자 보호 및 지원

논의 과정에서 국가인권위원회와 국민권익위원회 모두 각자의 전문성과 경쟁력으로 이 역할을 할 수 있다고 주장했다. 개인적으로 최선은 행정부 내의 이해관계나 대통령의 인사권에서 자유로운 국회에 설치하는 것이 바람직하다고 판단했다.

하지만 다른 의견들도 있어 논의 끝에 최종적으로 국가인권위원회로 결정하게 된 것이다. 입법 등 후속 논의가 빨리 진행될 수 있도록 노력하겠다. 국방부 역시 적극적인 자세로 권고안을 받아들이기를 바란다.

군 인권개선 및 병영문화혁신 특별위원회 전체회의에서 이학영 의원이 질의하고 있다.

2
군대(軍隊)를
군대(軍大)로!

 "사람 됐다"라는 소리 들었던 군대

집회 시위 현장을 방문해보면 맨 앞줄에 선 전의경들의 얼굴을 보면 맨 처음 드는 생각은 참 앳되다는 느낌을 받게 된다. 뒷줄 어디쯤 서있는, 선임자인 듯한 대원의 얼굴을 보면 또 그보다는 어른스러워 보이니 참 신기한 일이기도 하다. 또 가끔 출퇴근길에 보이는 총을 멘 군인들을 보면 또 그렇게 앳된 아이들로 보이는데 또 그 안에 섞인 누군가는 그보다 더 어른스러워 보인다. 이제 갓 고등학교를 졸업하고 대학 1, 2학년이나 아니면 대부분 사회 경험을 갓 1,2년도 안 한 청년들이니 앳되어 보이는 것은 어쩌면 당연할지도 모른다.

2014. 11. 17
경기도 연천군 다락대 시험장에서 백군기 의원이
K11복합형소총 시험 사격을 하고 있다.

불과 얼마 전까지만 해도 학생들이었던 젊은이들이 과연 사회에 대해서 얼마나 알까, 그리고 채 알기도 전에 군대라는 울타리 안으로 들어가 버렸으니 그런 사정이 얼굴에서도 피어나는 것일지도 모른다. 하지만 그렇다고 해서 이런 친구들이 사회를 전혀 안 배우고 있다고 말할 수는 없을 것이다. 왜냐하면 군대 또한 군대 나름대로 그 안에서 사람과 사람 사이의 질서와 원칙을 터득할 수밖에 없기 때문이다.

그 안에서 자기 자신을 낮추는 법을 배우고, 자신보다는 전체조직을 위하는 마음가짐과 자세를 배우고, 또한 희생의 정신을 배우니 "군대를 다녀와야 사람이 된다"라는 말은 아무래도 이런 것을 반영한 것이겠다.

또, 군대에서 하는 일반적인 작업들 즉, 육군이라면 땅을 파고 자기 주변의 물건이나 집기를 수리하고 하는 것들, 그리고 전체 부대원들의 식사를 준비하는 일들을 해보면서 자기 자신을 위해 얼마나 많은 사람과 자원들이 동원되고 노력했는가를 깨닫기도 하겠다. 또한 거기서 잡다한 것이라도 손수 자신의 손으로 일을 해보며 한 사람의 독립체로서 살아가는 데 필요한 것들, 간단한 설거지라도 체험해 보고 배우면서 나오기도 하겠다.

그런데 막연히 이렇게 군대에서 여러 가지 일을 해보니까 "사람이 됐다"는 것은 아닐 것이다. 물론 군대에서 배운 일을 어쩌다 사회에서 그리고 집에서 부모님에게 보일라 치면 그것이 대견스러워 보이기도 하겠지만, 비단 군대를 다녀오면 "일을 잘해서 사람이 됐다"는 것은 아니라는 말이다.

아무래도 그것은 생각의 깊이, 그리고 고민의 정도가 군대를 가기 전과 가고 난 후에 나는 정도의 차이가 크기 때문일 것이다. 그런 생각의 깊이들은 그저 생긴 것일까? 아니다. 생면부지의 사람들과 함께 지내면서 다른 사람들과 교감하는 방법들을 배운 것이다. 혼자 보초를 서고 있으면서 상념에 잠기다 보면, 사람이란 자연스럽게 지나온 일들을 떠올리게 될 것이고 거기서 자신이 잘한 일과

못 한 일을 가려내는 데까지 생각이 미칠 수밖에 없다. 그러니 잘못한 일에 대해서는 반성을 안 하려야 안 할 수가 없는 것이다. 이게 바로 "사람이 됐다"는 기본 공식이 아닐까 한다.

연극 〈고도를 기다리며〉와 영화 〈넘버 3〉, TV 드라마 〈추노〉에 등장했던 배우 안석환 씨는 책 〈내 꿈은 군대에서 시작되었다(샘터)〉에서 이런 말을 적어 놓았다.

"내가 얼마나 힘들게 많이 일하는지 따지지 말자. 내가 힘들었던 것을 계산해 두면 그만큼 남을 고생시키려는 보상 심리가 생긴다. 나만 힘든 것 같아 억울해지기도 한다. 그러나 계산하지 않으면, 그대로 나의 덕을 쌓는 일이 되지 않겠는가."

참으로 옳은 말이 아닐 수 없다. 어디에 옮겨 적어 놓고 그대로 실천하고 싶은 명문장이다. 안석환 씨는 이 말을 훈련소 시절 내무반장에게 우연히 들었다고 한다. 그때는 단순하게 "군 생활 중에 계산하지 마라."였지만 아마도 거기에 앞과 뒤로 이유와 명분, 그리고 효과까지 안석환 씨가 덧붙인듯하다.

안석환 씨는 계산하지 말라는 것은 내가 얼마나 힘들게 일하는지 따지지 말라는 것으로 생각했다. 내가 빗자루 한 번 더 드는 것을 남과 비교하지 말라는 말로, 사람은 누구나 힘들게 일하면 보상심리가 생기기 마련인 것을 경계하는 말일 것이다. 간단하게 던진 말에 앞과 뒤로 저렇게 훌륭한 말들을 붙였으니 안석환 씨가 군 생활 중에 얼마나 생각과 생각을 거듭했는지 쉽게 알 수 있다.

안석환 씨가 깨달은 것은 비단 군대에서만 통용되는 것이 아니다. 일반 직장에서도 마찬가지 원칙을 적용한다면 아마 그 사람은 인기를 넘어서 일 자체에서의 성과도 남다를 것이다. 당연히 주변에서의 평가는 "된 사람", "훌륭한 사람"이 아니겠는가.

군대에서 사람이 된다는 것은 역시 군 생활 끝에 무언가를 깨닫는 것이다. 가끔은 폭력사건이 터져 나오는 곳이지만, 공동체 생활을 통해 겪게 되는 경험과 사람을 대하는 소통 능력, 그리고 삶에 대한 인생관까지 군대는 사람이 만들어지는 곳이었다.

때문에 장가를 가야 어른이라는 옛 어른들의 말마따나 군대를 다녀와야 사람이 된다는 건 그것 나름대로 타당한 이유가 있는 말이다. 군대는 인생에 한 번쯤은 졸업해야 하는 軍大(군에서 인생을 배우는 대학교)가 아닐까.

군대, 꿈이 영그는 곳

우리나라와 비슷한 징병제를 유지하는 국가가 이스라엘일 것이다. 차이가 있다면 이스라엘은 남녀가 모두 군대에 가고 고등학교를 졸업하자마자 입대하는 반면, 우리는 일단 징병은 남자에게만 국한되고, 대학 1, 2학년쯤에 해당하는 나이에 각자 사정에 맞춰 입대한다는 차이가 있을 것이다. 덧붙여 설명하자면 이스라엘은 남자가 3년, 여자가 2년의 군 복무를 마친다.

그런데 이 두 나라의 군 복무에는 본질적인 차이가 있다. 그것은 이스라엘 청년들은 군대를 자기실현이나 자기 인생 목표에 필요한 한 과정으로 인식한다면 우리는 아무래도 될 수 있으면 가고 싶지 않은 곳이어서 대략 군대에 가면 무엇을 할 것인지 계획이 없다는 점이다.

계획이 없으니 행동의 영속성도 없다. 쉬운 예로는 입대 영장을 받으면 앞으로 결론이 어떻게 날지 모르는 주말 연속극은 절대 보지 않는다거나 언제 볼지도 모를 영어 단어 외우는 것은 부질없는 짓으로 취급한다는 말이다. 다 군대로 가는 시간을 자기 인생에서 무엇을 이루는 데 도움을 주는 시간이거나 아니면 자기 꿈의 연장선이 시간으로 여기지 않는다는 것의 사소한 증거들일 것이다.

반면 이스라엘은 사뭇 다른 모습을 보인다. 일단 만 18세가 되면 고등학교를 졸업하는데 남녀 똑같이 모두 군대에 입대한다. 그런데 군대 가기 전에 대학교 갈 사람은 자기가 지원을 해놓고서 일단 입학을 해둔 상태에서 휴학을 하게 된다. 그 1년 반 전에는 전체 대상자 모두 신체검사와 질병 검사를 겸한 검사를 받는다. 일단 여기서 학생들에 대한 평가가 생긴다. 그래서 입대 후에 6개월 동안 훈련을 받으면서 좀 더 자세하게 자신의 성향과 주특기가 발생하게 된다. 그래서 사람마다 맞는 성향의 병과를 적절하게 배정해주어서 군 생활을 마친다. 여기서 대학에 합격해두었던 사람은 대학에 가서 학문 정진의 길로 들어서고 사회 진출할 사람은 사회로 진출하는데 군대에서 자기가 했던 병과와 연관선상에서 직장을 갖게 된다. 그러니까 속칭 요새 시쳇말로 취업을 위한 스펙 가운데 하나가 병과가 되는 셈이다. 이렇게 되다 보니 자연스럽게 군대 생활을 하면서 내가 대학에 가서 어떤 공부를 해야겠다는 방향이 설정되게 된다.

이러니 학생 때부터 군 생활을 적극적으로 준비하지 않을 수 없고, 군 생활 자체가 나의 경쟁력을 높여주는 하나의 계기가 되는 분명한 역할을 하게 된다. 이런 곳에서 군대를 기피하는 문화가 자라기는 매우 힘들게 된다.

이스라엘과 우리의 형편이 다르니 꼭 똑같이 만들 수는 없지만, 적어도 생물학적으로나 사회 인구학적으로나 군 시절 그 자체가 젊은이들의 꿈이 영그는 시기라는 데는 부인할 수 없다. 군대를 제대하고 나면 복학할 젊은이도 있을 것이고, 아니면 시험을 준비하거나 직장에 취업하기도 할 테니 이제 본격적인 사회생활의 전초단계인 것만은 분명하다.

따라서 군대를 단순하게 나라만 지키는 곳으로 보지 말고, 젊은이들이 학교 이후에 사회를 준비하는 곳으로 여기고 그런 관점으로 접근한다면 얼마든지 청춘의 꿈이 군대에서부터 실현되도록 할 수 있지 않을까 한다.

여기 한 연예인 가수가 있다. 최고의 인기를 구가하고 있는 트로트 가수 박현빈 씨는 "군대를 통해 진로를 결정했다"고 말한다[1]. 그는 공군 군악대에서 군 생활을 했다. 전공은 클래식이었는데 그는

---

1) 내 꿈은 군대에서 시작되었다(2013), 엄홍길 김흥신 외, 도서출판 샘터

대개의 클래식 전공자들이 그렇듯 대중음악에 대한 막연한 경멸감 같은 것을 가지고 있었다고 한다.

하지만 그는 군대이기에 장성급부터 일반 사병까지 모두 즐길 수 있는 트로트를 불러야 했고, 공연 전날이면 생전 처음 듣는 트로트 악보를 보고 밤새도록 가사와 곡을 외웠다고 한다. 일반 병으로서는 눈이 휘둥그레지고 앞에만 서면 작아(?)질 수밖에 없는 장성급들 앞에서 그리고 수많은 전우 앞에서 죽기 아니면 까무러치기로 노래를 부를 수밖에 없었는데, 이때 길러진 담력이 신인 시절 매우 큰 도움이 되었다고 한다. 무대 공포, 그리고 잘해야 한다는 중압감으로 대개의 신인이 자신의 기량을 마음껏 펼치지 못하고 자신의 실력의 열의 셋조차 보여주기 힘든 경우가 다반사이다. 그런데도 그는 군에서 겪은 큰 무대 경험 덕분에 신인임에도 떨지 않고 자신의 기량을 다 발휘하면서 즐기기까지 했다.

사실 가수 박현빈을 알린 것은 축구였다. 군 시절 그는 그렇게도 축구를 좋아했다고 한다. 그랬던 그가 2002년 한국에서 축구 축제 중의 축제 월드컵이 열리자 월드컵 송에 매달린 것이다. 결국 그는 월드컵 송 〈빠라빠빠〉라는 노래로 월드컵 가수로서 자리매김했고,

그것이 지금의 인기를 얻는 발판이 되었다고 밝힌다.

그는 그러면서 클래식만 좋아하고 대중가요를 멸시하던 자신이 트로트 가수가 되었고, 또 인기를 얻는 계기를 찾은 것은 바로 군대 때문이었다며 "군대를 통해 진로를 결정했다"라고 말한다. 또한 "군대에서 보내는 시간은 결코 낭비가 아니라, 더 많은 것을 배우고 나 자신과 주변을 돌아보며 미래를 설계할 수도 있는 절호의 찬스"라고 덧붙인다.

물론 모두가 박현빈이 될 수는 없다. 하지만 모두가 꿈이 있고, 그 꿈을 이루는 데 있어서 군대가 중요한 길목에 있는 것만은 사실이다. 실제로 많은 젊은이가 군 시절을 자신의 미래가 되는 시기로 삼고자 노력하고 있다. 자격증 준비에 열을 올리는 젊은이도 있고, 못했던 수능 공부를 해서 제대 후에 원하는 학교, 원하는 과에 들어가는 것이 목표인 젊은이도 많다.

그런데 문제는 이런 꿈과 설계를 군대가 모두 보듬어 주지는 못한다는 점이다. 예의 박현빈 씨도 사실은 어떤 우연한 계기에 트로트를 불러야 하는 기회가 주어진 것이다. 물론 본인이 그것을 잘해

내기 위해 열심히 노력하였고 거기서 길을 찾은 것은 인정해야 한다. 하지만 거기에는 약간의 행운도 따른 것 또한 사실이다. 군 생활을 하는 모두가 자기 자신의 길을 찾는 우연한 기회들이 주어지지는 않기 때문이다. 항상 무엇이든 열심히 하고 있으면 길은 생긴다는 말도 있지만, 그러기에는 너무 수동적인 면이 없지 않지 않은가.

군대가 단순하게 전투준비와 언제든 목숨을 내놓을 준비만 하는 곳인 만큼 그 자체로 훌륭한 것이지만, 군인 역시 군복을 입은 시민이라는 점에서 제대 이후에 펼쳐나가야 하는 꿈도 있고, 책임져야 하는 생계도 있는 법이다.

요는 군 시절을 바라보는 사회의 인식이다. 한 사람의 젊은이와 젊은이마다 꿈이 있는데 그것을 실현할 수 있도록 적극적인 방안을 찾아 줄 수는 없는 것이냐는 의문을 갖게 한다. 군대는 젊은이들의 꿈이 영그는 곳이기 때문이다.

🧢 군인 정신은 강인한 '생활' 정신

군대를 다녀오지 않은 사람이라면 경험하기 힘든 '군인 정신'이란 도대체 무엇일까? 체득은 못 하겠으나 어렴풋이 나마 이해를 해보자면 '무엇이든 가능하다고 생각하고 일단 한번 도전하는 정신'이 아닐까 생각해 본다.

최근 어느 TV에 나온 장면. 한 대기업 신입사원 무리가 전철에 올라탄다. 젊은이들의 손에는 창문 닦기가 서너 개 들려있고 또 같은 것을 몇십 개 담았는지 옆으로는 큰 가방을 하나씩 메고 있다. 열차에 올라탄 이들 젊은이는 잠시 뒤 열차 칸 사이 노약자석 앞으로 가 승객들을 바라보고 선다. 잠시 긴장한 눈초리가 역력하다. 이윽고, 그 가운데 한 청년이 입을 뗀다.

"안녕하십니까! 저는 OO 기업 신입사원 아무개입니다! 오늘 여기 여러분 앞에 선 것은 신입사원 평가로 우리 회사 제품을 선전하고 팔기위해 나왔습니다.. 이 제품으로 말할 것 같으면..."

한참 동안 젊은이의 장황 설명이 이어진다. 처음 외침에 놀란 승객들이 고개를 돌리더니 이내 흥미로운 듯 쳐다본다. 하지만 젊은이의 말은 어딘지 모르게 어눌하다.

"네, 그러니까 잘 닦이고, 그래서 여러분들께서 하나씩 사주시면, 저희가 점수를 어쩌고.."

처음 관심을 보였던 승객들이 이내 고개를 떨구고 아까부터 하던 핸드폰 게임에만 열중하기 시작한다. 역시 장사는 아무나 하는 것이 아니다. 젊은이들은 낙심한 듯 다음 칸으로 간다. 거기서 또 한 번 승객들의 이목을 끈다. 이번에도 사주는 사람은 없다. 그러기를 십여 차례, 드디어 첫 번째 손님이 나왔다. 마침 시장에 나갔다가 돌아온다는 아주머니인데 젊은이들의 수완이 처음과는 비교할 수도 없게 세련되어졌다는 증명이다.

젊은이들을 계속 따라간 PD가 묻는다.
"아니, 어떻게 해서 전철에서 장사할 용기가 나섰어요? 해본 적 있어요?"

드디어 하나 팔았다는 청년이 득의양양 웃으며 말한다.
"아니요, 그냥 군인정신으로 했습니다. 제가 제대 한지 얼마 안

됐거든요."

"처음에는 잘 못 하던데요?"

"그러게요. 하다 보니까 늘더라고요… 하, 하, 하"

군인정신! 바로 그것이었다. 자신에 대한 충만한 자신감과 하면 된다는 정신으로 일단 도전하는 바로 그런 정신 말이다. 처음의 머뭇거림을 극복하기 위해 그의 가슴속에서는 말로 나눌 수 없는 여러 종류의 감정들이 뒤섞였을 것이다. 그런데 그런 것들을 모두 극복하고 군인정신이 그사이를 비집고 올라섰다. 그리고는 입을 열었다. 물론 쉽지는 않았다. 청년은 한번 이목을 끌 수는 있었지만, 현실은 냉혹했다. 흥미를 조금이라도 못 끌면 사람들은 그에게 시간과 시선을 주지 않는다. 그런 것을 극복할 수 있게 한 것 또한 낙담하지 않고 또 한번, 또 한 번 계속 도전하게 만드는 군인정신이었다. 청년은 결국 그 결실을 보았고, 그날 최우수 사원으로 상을 받는 장면을 보여주며 프로그램은 끝을 맺는다.

4전 5기의 대명사 홍수환 선수 역시 비슷한 말을 전한다. 그는 군부대 강연을 다니는 데 그때 마다 꼭 군인정신을 강조한다. 홍수환 선수는 1974년 7월 15일 남아공에서 벌어진 WBA 밴텀급 타이

틀 매치에서 아놀드 테일러를 꺾고 챔피언 타이틀을 거머쥔다. 승리 뒤 방송사와의 인터뷰에서 "엄마! 나 챔피언 먹었어!"라고 해 큰 웃음을 선사했던 그는 승리한 이유로 "첫째도 군인 정신, 둘째도 군인 정신 덕분입니다!"라고 말한다. 당시 그는 국군수도 경기사령부 제5헌병대대 소속 일병이었다. 군인 정신의 강조는 물론 그가 현역 군인이었기에 자연스럽게 나온 것도 있겠지만, 그는 강연장에서 항상 이 이야기를 거론하며 "쓰러지더라도 한 방이 당신에게 있다. 위기를 기회로 활용하라"며 군인들의 정신을 북돋운다.

사실 군인정신의 사전적 의미는 "나라와 민족을 위하여 죽음을 무릅쓰고 책임을 완수하는 군인의 마음가짐"이다. 몰려오는 적에게 자신의 몸을 초개와 같이 던져서 적과 함께 장렬히 산화하는 거룩한 마음의 표현인 것이다. 그러나 그런 정도의 각오가 몸에 밴 사람이라면 무엇이든 못할 것이 없을 것이다. 그런 면에서 볼 때 자꾸만 반복되고 있는 군인들의 자살 소식은 마음을 매우 무겁게 만드는 것이다.

군인정신이 제대로만 깃들여 있었어도 자신에 대한 자신감을 잃지 않았을 테고, 그러면 스스로 목숨을 끊은 따위의 행동도 하지 않았을 것이기 때문이다. 물론 목숨을 끊을 수밖에 없게 만드는 외적인 구조적인 모순도 있다. 스스로 목숨을 끊은 장병들을 탓하려는 것이 아니라 그들에게 참 군인의 정신으로서 자신감과 용기를 심어주지 못한 것은 정부와 군, 그리고 기성세대가 가슴에 새겨야 할 대목이다. 훌륭하고 매우 소중한 국가와 시민의 자산인 젊은 군인들에게 최소한 자신의 목숨만큼은 지킬 수 있는 자신감, 용기를 심어주지 못하고 결국 그 생명을 포기하고 마는 결정을 하게 만든 책임이 이 사회에는 분명히 있다.

결국 군인정신은 자신감으로 귀결된다. 무엇에 대항해서든 아니면 무엇을 추진하려거든 그것을 과감히 실천에 옮기는 자신감일 것이다. 그런 자신감을 군에서 확실하게 배어서 온다면 이 세상을 아주 멋지게 살 청춘들이 바로 우리 군인 장병들이다.

2014. 10. 22
SSU(해군 해난구조대)를 방문한 윤후덕 의원이 요원들을 격려하고 있다.

 **군대(軍隊)를 군대(軍大)로!**

21세기 장병들을 20세기 막사에서 19세기 문화로 다스린다. 일부에서 현대 우리 국군을 지칭하는 말이다. 청년들은 신세대적 사고로 무장한 21세기 사람인데 시설은 심하면 한국전쟁 때 건물과 초소, 장비 투성이고 마지막으로 그들 청년을 다루는 방식은 구타와 강제가 횡행한 제국주의 시대 마인드까지 내려간다는 말이다. 결국, 가장 먼저 바꿔야 할 것은 장병들을 이끌 장성과 장교들의 리더십이다. 건물이야 점차 바꾸면 되지만 21세기 청년들에게 직접적인 영향을 미치는 19세기적 문화는 더 이상 지체해서는 안 되는 것이다. 청년들의 미래가 우리의 미래이기 때문이다.

그런 면에서 본다면 군대는 우리의 미래를 짊어질 청년들에 대한 인성교육 장으로서의 군대 역할은 앞으로 더욱더 요구받게 될 가능성이 크다. 흔한 말로 '밥상머리' 교육이라고 하는 가정교육은 과거와 같이 사회를 지탱하는 가장 기초적인 단위로서의 교육기관 역할을 맡기기에는 이제 어쩔 수 없는 한계를 인정해야 한다. 실제로 1인 가족의 구성비는 벌써 25%를 넘고 있다. 결국, 2015년 현재는 교육의 장으로써의 가족이 해체되고 있는 것이다. 요즘 학교에서 아이들을 상대로 일주일에 2~3번이라도 가족이 다 모여서 식사하는 사람은 손을 들어보라고 하면 손을 드는 사람이 거의 없다. 바로 밥상머리 교육이 사라졌다고 보이는 증거이다. 가정교육이 다음은 학교 교육인데, 요즘 무수하게 들리는 말이 바로 '공교육이 무너졌다'는 말이다. 그만큼 학교 교육이 제 기능을 못 한다는 소리이다. 공교육이 무너지니 사교육으로 몰리게 되는데 인성교육을 사교육이 과연 해낼 수 있을까? 아마 나무에서 물고기를 구하는 것과 같은 짓일 것이다.

 학교 교육이 무너졌다면 그다음은 사회교육이다. 사회교육이란 결국 공동체 안에서 연장자인 구성원이 연하의 구성원을 교육하는 것일 텐데, 사실 가장 격심하게 무너졌다고 할 수 있는 부분이다. 예전엔 학생들이 담배를 피우다가도 어른이 나타나면 조용히 감추거나 안 피운 척 자리를 피하곤 했다. 하지만 요즘은 어른들이 먼저 학생들을 피하고 있지 않은가. 학생들 역시 훈계를 할라치면 자신들에게 싸움을 거는 것으로 받아들인다. 하루가 멀다 않고 터지는 생활범죄 역시 사회교육을 사라지게 만들었다. 밤길에 우연히 같은 길을 걷다 이상한 사람으로 취급받거나 동네 꼬마 아이에게 말을 걸었다 유괴범으로 몰리는 등 이웃 간에 서로를 의심의 눈초리로 볼 수밖에 없는 형편이야말로 사회교육이 사라진 또 다른 모습이다. 가정교육에 이어 학교 교육, 사회교육이 무너진 이상, 미래 세대에 대한 인성교육을 기대할 수 있는 곳이 있을까. 정병국 의원은 그곳을 군대라고 말한다. 군대가 물론 반강제적으로 가는 곳이긴 하지만, 비교적 비슷한 나이에 젊은이들이 한 번쯤은 꼭 거쳐야 하는 곳이므로 군대가 마지막으로 인성교육을 펼칠 수 있는 기회의 장이라는 것이다. 따라서 유용한 프로그램을 짜서 교육을 시킨다면 가정과 학교, 사회가 하지 못한 인성교육을 해낼 수 있다는 것이 그의 생각이다. 실제로 군대에 가지 않고 그저 부모 슬하에서 부모가 해주는 대로 받기만 하고 응석만 부리다가 덜컥 사회에 나온 사람과, 역시 부모 밑에서 똑같은 생활을 했지만 그래도 군대라는 곳에 가서 집단생활을 한 사람 가운데 누가 더 사회에 나가 적응하는 것이 빠를까를 생각해본다면 답은 자명한 것이다.

역시 군대에서 집단생활의 불편함으로 인해 남을 배려해야 하는 생활을 해 본 사람은 남을 배려하는 것이 익숙하기 때문에 사회에 나와서도 남을 좀 더 편하게 해주거나, 다소 불만이 있더라고 그것을 굳이 갈등으로 몰고 가지 않는 등 책임 있는 행동을 취할 가능성이 크다.

그렇다면 군대에서의 인성교육이라는 것은 과연 무엇일까? 물론 기본적으로 군대 안에서 생활 자체가 불편한 집단생활인 만큼 사회교육적 기능이 있다. 또한 특별한 프로그램을 짜서 강의형태로 교육시키는 것도 방법이다. 또 하나 유효한 수단이 있다면 장병들에게 독서를 장려하는 것이다. 독서를 통해서 자신의 인격을 도야하고 지식도 쌓는 일거양득의 효과를 거두게 할 수 있다.

결국 군대라는 시간을 건강하고 책임감 있는 새로운 사회 구성원을 길러내는 소중한 시간으로 만들고자 하는 노력이 있어야 하고 그런 것을 잘 갖춘다면 우리는 마지막 인성교육의 장으로서의 기능을 군대에 기대할 수도 있을 것이다. 실제적으로 군대만이 그 기능을 할 수 있을 것으로 보인다. 그렇다면 군대는 더 이상 군인의 떼가 모인 軍隊(隊: 떼 대)가 아니라 서울대, 연대, 고대 등 명문대에 버금가는 또 하나의 명문, 군대(軍大)가 될 것이다! 이 아니 멋진 생각인가! 그래서 종국에는 군대를 바라보는 시선 또한 "군대를 다녀와야 사람이 된다"라는 원래의 명예로 돌아갈 수 있을 것이다. 그리고 군대를 다녀온 사람과 다녀오지 않은 사람의 차이 또한 명확해질 것이고 그에 따라 제대 군인에 대한 처우에도 사회적 합의에도 이를 수 있는 것 아닐까.

특위장 들여다보기
- 제2차 전체회의

- **일 시** : 2014년 11월 13일(목)
- **장 소** : 국방위원회회의실

– 한민구 국방부장관
성폭력과 관련해서는 저희들도 문제를 중하게 보고 있음을 먼저 말씀드립니다. 그리고 최근에 여러 가지 그런 불미스러운 일이 있고 해서 저희들은 전체적으로 성인지력 향상을 위한 교육, 이런 것들을 간부들에게 강화하고 있고 여군들에게도 이런 일이 있을 때는 주저하지 말고 신고해서 문제를 노출시켜서 해결하도록 그렇게 여러 가지 권유하고 있고 상담관 제도도 발전시키고 있고 그렇습니다. 그래서 최근에 신고를 하도록 했더니 몇 건이 접수가 되어서 그에 따른 조치를 하고 있고 앞으로도 이 문제는 관심을 더 많이 갖고 다루어 나가도록 하겠습니다. 다만 병영문화 혁신에 그 문제가 적시되지 않은 것은 이것은 의무복무병사들을 중심으로 하는 병영문화에 초점을 맞추었기 때문에 그 문제는 별도로 저희들이 관심 갖고 추진하는 사항입니다마는 여기에는 포함이 안 됐다 이렇게 말씀드립니다.

– 도종환 위원
권유 차원 말고 좀 더 실질적인 대책·대안 이런 것들이 마련됐으면 좋겠다는 생각을 합니다.

- **한민구** 국방부장관
  예, 더 노력하겠습니다.

- **정병국** 위원장
  도종환 위원님 수고하셨습니다. 참고로 모두에도 말씀을 드렸지만 오늘 원래 병영혁신위원회 보고를 듣는 것으로 돼 있었는데 전달이 제대로 잘 안 돼서 다음 일정을 잡아서 병영혁신위원회의 정식 보고를 받도록 하겠습니다. 그리고 우리 위원님들께서도, 이 특위가 구성되게 된 것은 병영문화의 변화·혁신이 국방부만의 힘 가지고는 안 된다. 따라서 관계부처의 전폭적인 협력이 없이는 안 된다. 따라서 이 특위를 구성할 때 관련 부처의 상임위 위원님들을 고루 모셨습니다. 따라서 지금 각 위원님들께서 해당돼 있는 상임위에서 다루고 있는 병영문화 혁신과 관련된 내용들은 그 상임위원회에서 전적으로 집중적으로 해서 가능하면 그 예산이 더 확보될 수 있고 또 그 실효성이 어느 정도 되는지 하는 것도 함께 평가를 해 주시면서 심도 있게 논의를 해 주셨으면 하는 부탁의 말씀을 드립니다. 아울러 국방부장관께서도, 지금 현재 각 부처가 그동안 나름대로 해 왔던 부분들이 국방부는 국방부대로, 다른 부처는 다른 부처대로 각자 놀다 보니까 이게 시너지 효과가 전혀 나지를 않습니다. 따라서 그러한 부분들도 이번 계기를 통해서 연대하고 유기적으로 그것이 운영이 될 수 있도록 함께 협조를 해 주시기를 바랍니다.

- **한민구** 국방부장관
  예, 잘 알겠습니다.

특위위원 핫! 인터뷰 – 홍철호 위원

특위에 해병대가 떴다. 해병대 병장 출신 홍철호 의원의 부대사랑이 남다르다! 가슴에 빨간명찰을 달고 돌격머리를 했던, 홍철호 예비역 병장과 오늘날의 군부대 문제를 함께 들여다본다.

Q 요즘 저출산과 복무 기간 단축 때문에 장병들이 모자라다 보니까 걸러져야 할 병사들이 걸러지지 않고 군에 유입되고 있다는 의견이 있다. 그런 문제는 어떻게 해결해야 하나?

A 현재 징병률이 91%이다. 예전 내가 입대할 때인 35년 전만 하더라도 50%가 안 됐다. 가고 싶어도 못 가는 사람이 절반이었다. 그런데 지금은 10명 중 9명이 가고 있다. 당연히 자질문제가 나올 수밖에 없는 상황이다. 그렇다고 전체 규모를 무턱대고 줄일 수도 없다. 군에 입대할 수 있는 전체 인원이 줄고 있기 때문이다. 그렇다면 그동안 당연하게 고수해 왔던 경계 위주의 군 구조에서 이제는 전투 위주의 군으로 바꾸어야 한다. 사단의 경우에는 약 만 명에서 만 오천 명이다. 이런 병력수를 우리 현실에 맞게끔 낮추어야 한다. 군의 원래 목적은 경계하는 데에 있는 게 아니다. 경계는 전투 상황을 가정하고 미리 막아주는 것이다. 경계에 투입되는 병력을 과학화 시스템을 도입하거나 장비로 대체해서 해당 병력을 뒤로 빼내어 전투 병력을 더 강화하면서 동시에 유지 병력을 줄여 나가야 한다.

Q 병영 특위로 활동하면서 가장 중점적으로 개선해야 한다고 생각하는 부분은?

A 지휘관들의 생각이 바뀌어야 한다. 장교, 부사관, 이런 계급 구조 속에서 장교가 제 역할을 하면 그 아래 하위장교가 또 제 역할을 하게 되어 있다. 따라서 우선 가장 꼭대기에 있는 장군이 의식을 바꿔야 하고 장군이 자신과 바로 직

속 부하들의 복무 태도를 바꿔줘야 하는 게 시급하다. 다음으로 병영 생활과 환경을 각 군끼리도 비슷하게 맞추어 주어야 한다. 공군이나 해군에 비해 육군, 특히 전방 부대로 가면 갈수록 열악하다. 좋은 환경 속에 있는 부대를 조사해보면 알지만 사고율이 떨어진다. 공군과 해군은 육군에 비해 사고율이 확실히 떨어진다.

Q 병영 특위는 여러 상임위 의원들이 함께 하고 있다. 하고 싶은 말이 있다면?

A 각 상임위 차원에서라도 긍지를 심어주는 병영을 만드는 데 노력을 기울여야 한다고 본다. '군에 가서 21개월, 24개월 그 자체가 정말 보람 있었다', '참 내가 잘했다' 하는 그 긍지를 어떻게 심어줄 것인가 하는 문제를 병영특위가 끝나고서라도 고민해야한다. 예를 들면 우리 장병들이 휴가나 외박을 나왔을 때 이용하는 대중교통 요금을 무료로 해주는 것들이다. 각 상임위별로 그런 작은 것에서부터라도 우리 군인들을 존중해주는 풍토를 만들어 주는데 노력했으면 좋겠다.

2014. 12. 26
육군17사단을 방문한 홍철호 의원이 장병을 껴안으며 격려하고 있다.

3

이제는 바꿔보자!

 국민적 충격, 여야를 움직이다.

세월호가 침몰하여 우리 아이들의 소중한 300여 목숨이 바다에 수장된 지 얼마 되지도 않은 지난해 7월, 온 국민은 충격과 공포를 느낄 수밖에 없었다. 이제 자대 배치를 받고 한 달 남짓한 앳된 한 청년의 죽음. 바로 윤 일병 사건이다. 이 사건은 앞서 터진 총기 난사사고를 일컫는 임 병장 사건과 함께 "참으면 윤 일병, 못 참으면 임 병장"이라는 신조어를 낳았다. 한 마디로 폭력을 피해갈 답이 없는 군대라는 뜻이다.

이런 국민적 분노와 참담함은 폭발직전에 다다른다. 해 년마다 고질적으로 반복돼서 나타나는 군 폭력문제 이제는 더 이상 참을 수 없다는 민의이다. 군대 내 가혹행위와 인권유린, 잇따르고 있는 성범죄로 군에 대한 국민들의 불신은 극에 달했고, 자연스럽게 군에 대한 개혁의 목소리가 여야를 가리지 않고 나타나기 시작한다. 급기야 8월 7일 여야 원내대표부는 가혹행위로 사망한 육군 28사단 윤 일병 사건을 계기로 진상규명과 재발방지를 위한 '군 인권개선 및 병영문화혁신특위'의 구성을 전격 합의하기에 이른다.

그리고 약 두 달여 뒤인 10월 31일 국회 본회의는 군 인권개선 및 병영문화혁신 특별위원회의 설치를 통과시킨다. 첫 회의가 있던 11월 10일 특위는 위원장으로 위원 가운데 가장 다선으로 의정 경험이 풍부한 정병국 새누리당 의원을 위원장으로 선임하고 각각 장성호 의원과 황영철 의원을 여야의 간사로 선임한다.

2015. 4. 8
국회 앞 마당에서 열린 병영독서카페1호 기증식 및 전시행사에 신의진, 윤명희, 김용남, 정병국(위원장), 황영철(간사), 장성호(간사), 남인순 의원이 참석해 기자회견을 하고 있다.

이날 역사적인 첫 전체회의에서 정 위원장은 "위원회 활동 목적은 군대 내 가혹행위와 성범죄 재발 방지를 통해 인권을 개선하고 병영문화를 개선하는 데 있다"며 "군대가 인권 사각지대가 되지 않도록 해 강한 군대를 만들어야 한다"라고 말한다.

특위 활동의 분명한 목적이 군내 폭력을 발본색원하고 병사들의 인권을 확보해주는 데 있다는 것을 분명하게 한 것이다. 황영철 여당 간사는 "우리 특위의 목적을 달성할 수 있도록 최선을 다하겠다"라고 말했고, 정성호 야당 간사는 "국민들이 군에 보낸 아이들을 걱정하지 않게 역시 최선을 다하자"며 그 각오를 다졌다.

특위 위원으로는 새누리당에서 김용남, 김종태, 박명재, 신의진, 윤명희, 이채익, 홍철호 이상 7명 의원이 특위위원으로 선임되었고, 새정치민주연합에서 김광진, 남인순, 도종환, 민홍철, 백군기, 윤후덕, 이학영 이상 7명 의원이 특위위원으로 호흡을 맞추기로 하였다. 위원들은 특히 위원별로 담당 소위원회를 만들어 실질적으로 일하는 특위가 되도록 하였다. 이를 위해 모두 5개 분과 소위를 만들었는데 각각 소위원회와 위원명단은 표와 같다.

소위원회명	소 위 원	
	새누리당	새정치민주연합
군 사법체계 개선 소위원회	김용남	▲ 민홍철 정성호
군복무 부적격자 심사 및 부적응 자 관리체계 개선 소위원회	▲ 신의진 윤명희	김광진
군 성폭력 대책 및 군의료체계 개선소위원회	박명재 이채익	▲ 남인순
병영문화혁신을 위한 장병교육 체계 개선 소위원회	김종태 홍철호	▲ 도종환 백군기
군 옴부즈만 제도 도입 소위원회	▲ 황영철	윤후덕 이학영

▲는 소위. 위원장

특위 위원들 가운데에는 최근 자녀가 군을 제대했거나 현재 군에 복무 중인 위원도 대거 참여했다. 새누리당 신의진 의원 같은 경우에는 윤 일병 사건이 터지기 불과 3일 전에 아들이 만기 제대하였고, 같은 당이자 소위소속인 윤명희 의원은 두 자녀가 각각 해군과 육군에서 조리병과 보병으로 복무 중이다. 여당 간사인 황영철 의원 역시 아들을 군에 보내두고 있다. 이들은 자녀들이 최근 제대했거나 현재 복무 중인 만큼 특위를 맡는 소임이 더욱더 각별해 보였다.

특위위원 핫! 인터뷰 - 정성호 위원

정성호 의원은 사법시험에 합격한 뒤 포병연대 정훈장교, 사단심판장교, 군법교관으로서 군 생활을 마쳤다. 이 같은 법과 군에 대한 이해를 이번 특위에서 군 사법체계 개선 소위원회에서 아낌없이 쏟아 붓고 있는 정 의원과 이야기를 나누었다.

Q 병영 특위로 활동하며 가장 중점을 둔 부분은 무엇인가?

A 역시 군 사법제도 개혁이다. 병영문화를 혁신하려면 군 사법제도를 개혁하지 않을 수 없기 때문이다. 해외 사례를 보더라도 많은 나라들이 군사법원이 없다. 있더라도 우리나라처럼 지휘관이 군검찰과 군판사를 휘하에 두고 전권을 휘두르는 나라는 없다. 정부는 '창조국방'을 강조하며 낡은 관행과 관성으로부터 벗어나라고 하는데, 군은 여전히 특수성을 핑계로 자정과 쇄신의 기회를 스스로 걷어차고 있다. 군 사법제도 개혁과 함께 병영문화의 진정한 개혁을 일구는 데도 관심을 두었다. 병영문화 혁신은 수십 년간 뿌리 내리고 있는 군의 낡은 악·폐습을 제거하는 데서 시작해야 한다. '새 술은 새 부대에 담아라'라는 격언처럼, 병영문화 혁신을 위해서는 새로운 인식의 전환이 있어야 한다. 일례로, 얼마 전 특위에서 진행했던 '군 인성 북카페'처럼 군대에서 보내는 시간을 자기계발과 자기수양의 기회로 활용할 수 있도록, 군 간부들의 인식 변화와 함께 이를 통한 병영 문화 혁신의 기틀을 마련하는 것이 중요하다.

Q 잇따른 군 성범죄 사건도 문제가 되고 있는데, 해결책은 무엇일까?

A 성범죄에 대한 장성들의 안일한 인식과 솜방망이 처벌 때문이다. 주로 남성들로 이루어진 군의 특성상 여군을 동등한 군인으로 보지 않는 인식이 팽배해있고, 이로 인해 부하 여군에 대한 성추행·성폭행 문제가 빈번히 발생하고 있다. 군은 사건이 발생하면 '일벌백계' '무관용 원칙'을 약속하지만, 실제로 군 내 성범죄에 대한 기소율은 대단히 낮다. 특히 고위 장성들에 대한 처벌은 미

미하다. 따라서 군내 성폭력 사건에 대해서는 지위고하를 막론하고 엄중히 책임을 묻는 '무관용 원칙'을 철저하게 적용해야 한다. 또한, 군 인권센터에서 실시한 '군 성폭력 실태조사'에서 보듯 피해 여군의 대부분이 군 사법체계를 신뢰하지 못하고 있는 만큼, 독립적인 군 수사기관을 설치해서 군사법원의 개혁을 통해 성폭행 및 추행 등 영내 성범죄를 뿌리 뽑아야 한다.

Q 무엇보다 중요한 쟁점인 '군사법원 폐지'에 대한 의원님의 생각은 무엇인가?

A 국방부가 군사법원 폐지를 반대하고 있는 이유는 군의 특수성, 지휘권 확립 등의 문제 때문이다. 그러나 역설적으로 군사법원은 해당 부대 지휘관의 지휘·감독을 받고 있기 때문에 독립적이고 공정한 재판을 기대하기 어렵다. 따라서 군사법원의 공정성과 독립성 확보를 위해 군사법원, 관할관, 심판관 제도 폐지가 필요하다. 군사법원의 폐지가 현실적으로 어렵다면, 군 조직의 특수성을 감안하면서 사법의 독립성을 확보할 수 있는 대안이 마련되어야 한다. 군사법원을 군에서 독립시키고, 이와 함께 인사와 예산의 독립이 이루어져야 한다. 특히 군내 범죄사건의 수사와 기소 등에 있어서 독립성과 공정성을 확보할 수 있도록 일정 경력 이상을 갖춘 군법무관을 검사로 임용하거나 법무부 소속 검사가 순환근무를 하는 방안도 검토할 수 있다. 또한 문제가 되는 '확인조치권'을 성 관련 범죄 등에 대해서는 감경을 금지하도록 제한하는 것도 필요하다.

2014. 12. 11
정성호 의원이 양주·동두천 지역 주임원사단과 간담회를 마친 뒤 포즈를 취하고 있다.

 **병영문화혁신특별위원회**

윤 일병 사건과 잇따른 총기 및 성범죄 사고가 군에 대한 불신을 키우면서 개혁의 요구를 부른 것은 사실이지만, 왜 하필이면 국회에서 '군 인권 개선 및 병영문화혁신특별위원회'가 만들어진 것일까?

무엇보다 우리 사회에서 이제는 병영문화를 반드시 바꿔보자는 열망이 모인 것이 가장 주요한 이유이다. 최근 잇달아 터지고 있는 총기사고, 구타사고, 성범죄 등등을 더 이상 파편적인 하나의 사건으로 보지 않는다는 말이다.

즉, 군은 그때그때 해당하는 사건이 날 때마다 재발방지를 약속하고 관련자 처벌에 나선다 했지만, 사건은 그때가 끝이 아니었다. 이것은 군에서 일어나는 각종 사고와 사건이 일견 별개의 것들로 보이지만 사실은 그 뒤에 더 많은 이력과 원흉을 지니고 있음을 시사하는 것이다. 우리 아버지 세대에서부터 삼촌 세대를 지나 우리를 지나쳐 조카와 아들 세대가 군에 가고 있는데도, 같은 사고는 계속해서 끊임없이 발생하고 있다.

2015. 1. 8
정병국 위원장이 현장을 방문해 군인들의 의견을 청취하고 있다.

혹자는 군대에서 자살하는 병사들의 비율이 사회에서 발생하는 같은 또래 젊은이들의 자살률보다 낮다며 웬 호들갑이냐는 반응을 보이기도 한다. 하지만 이것은 군은 정부에 의해서, 국가에 의해서 관리되는 그것도 한 곳에 집중적으로 모아놓고 관리하는 인원이라는 점을 간과하고 있는 것이다. 국가가 관리를 하고 있는데도 자신의 목숨을 끊는다면 그것은 어디까지나 국가의 잘못이고 국가는 같은 일이 발생하지 않도록 최선의 노력을 다해야 하는 것이다.

그런 면에서 볼 때 윤 일병 사건이 나고 임 병장 사건이 난 지금까지 우리는 무언가 적확한 치료법을 찾지 않은 잘못이 있고, 찾아야 하는 책임이 있다. 그것을 국방부에만 맡겨서는 그리고 정부에만 맡겨서는 되지 않는다는 것이고 따라서 이제는 나서야 할 때인 것이다.

특히 황영철 의원은 이처럼 보다 거시적으로 국가 책임론을 펼친다. 그는 윤 일병 사건과 임 병장 총기난사 사고 같은 군대 내에서 발생한 사고를 과거처럼 단순히 군 조직 특수성이나 군 문화 탓으로 돌리는 것은 현실과 맞지 않기 때문이라고 말한다. 즉, 집단따돌림 문화 같은 사회의 고질적인 문제들이 군이라는 특수한 환경에서 증폭된 현실을 원인으로 보는 것이 합리적이라는 설명이다.

그는 "무엇보다 중요한 것은 과연 우리 군이 이렇게 변화하는 환경 속에서 발생 가능한 문제들을 진단하고 이에 적절하게 대처해 왔는가 하는 부분"이라며 "그간 군 관련 문제가 발생할 때마다 많은 병영혁신안이 쏟아져 나왔지만 계속해서 반복적으로 문제가 발생한 것은 제대로 된 해결책을 마련하지 못했기 때문"이라고 진단한다.

국방부는 자체적으로 민·관·군 병영문화혁신위원회를 구성하여 가동하였다. 22·28사단 사건 이후 병영문화의 적폐를 해소하기 위해 "국민이 신뢰하는 열린 병영문화 정착"을 목표로

① 건강하고 안전한 병영

② 사회와 소통하는 열린 병영

③ 인권이 보장되는 병영

④ 자율과 책임이 조화된 병영

⑤ 기강이 확립된 강한 병영 등 5대 중점 22개 혁신과제를 선장하여 국방부에 권고하였다.

20여 차례의 야전부대방문과 장병 면담, 인터넷을 통한 약 9,300여건의 의견수렴, 한국갤럽 등 전문여론조사 그리고 現 군복무환경에 대한 심층깊은 분석을 통해 마련한 권고안이었다. 특히 병영문화혁신위는 다양한 국민적 요구를 고려하여 민주사회의 보편적 가치 수용과 더불어 군의 특수성을 존중하는 것을 전제로 국민이 우려하는 병영폭력 척결을 위한 가시적 대안을 마련하고 군내 인권보장을 강화하되, 병영문제의 근원적 해결을 위해 민간과의 역할 분담과 협력을 강화하는 방향으로 혁신안을 마련하였다.

그러나 한계점이 분명이 있었다. 무엇보다 중요한 것은 국방부가 구성한 병영혁신위는 예산을 마련할 수 있는 권한도 다른 부처에 협업을 강제할 권한도 없다는 점이 심각했다. 때문에 군의 문제를 고치고자 한다면 그것은 국회에 의할 때만이 진단과 검증의 객관성과 함께 방안의 실효성이 담보될 수 있는 문제이다.

더욱이 예산은 곧 국회의 권한이기 때문에 문제 해결을 위한 실질적인 연료, 즉 예산을 투입할 수 있기 때문이다. 그런데 이런 때 문제가 되는 것은 예산의 중복 투자이다. 예를 들어 여군을 위한 특별 복지비를 도입한다고 할 때 만약 보건복지부를 관할하는 국회 보건복지위원회에서 해당하는 예산을 계획하고 도입할 예정에 있다고 하면 이에 중복되는 예산을 특위가 별도로 책정하는 것을 피해야 한다는 말이다. 구체적으로 말하면 보건복지위원회 위원인 남인순 의원이 이 위원회를 대신하여 특위에 참석하게 되고 예산사항을 검토하게 된다.

이에 대해 징병국 위원장은 다음과 같이 그 목적을 제2차 전체회의에서 분명하게 밝히며 각 위원이 중복 예산 투입이 없도록 다음과 같이 말하고 있다.

"그리고 우리 위원님들께서도, 이 특위가 구성되게 된 것은 병영문화의 변화·혁신이 국방부만의 힘 가지고는 안 된다. 따라서 관계부처의 전폭적인 협력이 없이는 안 된다. 따라서 이 특위를 구성할 때 관련 부처의 상임위 위원님들을 고루 모셨습니다. 따라서 지금 각 위원님들께서 해당돼 있는 상임위에서 다루고 있는 병영문화 혁신과 관련된 내용들은 그 상임위원회에서 전적으로 집중적으로 해서 가능하면 그 예산이 더 확보될 수 있고 또 그 실효성이 어느 정도 되는지 하는 것도 함께 평가를 해 주시면서 심도 있게 논의를 해 주셨으면 하는 부탁의 말씀을 드립니다."

2014. 12. 22
군 인권개선 및 병영문화혁신 특별위원회 위원들이 서울지방병무청을 방문했다.

2014. 12. 22
군 인권개선 및 병영문화혁신 특별위원회 위원들이 국군수도병원을 방문했다.

특위위원 핫! 인터뷰 – 박명재 위원

박명재 의원에게는 아들이 둘 있다. 그런 아들들이 얼마 전 병사로 군복무를 마쳤다. 물론 그 자신도 병사로 국민이자 남성으로서의 의무를 다했다. 여기에 더해 이번에는 특위 위원으로 역시 그 '의무'를 연장하고 있는 박 의원을 만났다.

Q 두 아들이 얼마 전 군 복무를 마쳤다고 들었다. 특위로 활동하는 소감이 남다를 것 같다.

A 두 아들뿐만 아니라 본 의원 역시 병장 만기 제대했다. 이번 특위 활동하며 안타깝고 걱정되는 일이 많이 있었다. 있어서는 안 될 가혹·성범죄 행위 등 소위 '구악(舊惡)'들이 아직도 있다는 것에 대해 참으로 걱정됐다. 나아가 이러한 문제로 인해 우리 군 전체가 매도당하는 것이 안타깝다. 군대라는 조직은 사기를 먹고사는 조직인데, 손가락질 받고 난도질당하고 있어 참으로 안타까웠다.

Q 병영문화 혁신을 강조하다 자칫 군의 진짜 목적이 약해질 수 있다는 지적에 대해서는 어떻게 생각하나?

A 솔직히 군에 일단 들어간 병사는 무엇보다 복무를 최우선 순위에 두고 거기에 충실해야 한다고 생각한다. 오전 6시에 기상하여 10시에 취침하는 것은 일상이라고 느껴질지 몰라도 결국 훈련과정의 연속이다. 학점 인정 등과 같은 부분들도 엄밀히 따지면 특혜에 해당한다. 형평성을 갖는 것이 중요한데, 누구는 학점을 인정받고 누구는 안 되는 문제를 해결할 방법을 강구해야 한다. 군이 학교 같고, 군인들이 학생 같아서는 안 된다.

Q 군대 사건·사고가 감추어지는 경우가 많다. 어떻게 해결할 수 있을까?

A 많은 사건사고가 감춰지는 경우가 많다는 것에 전적으로 동의한다. 감추고 덮어두려는 것에 대한 문제는 더 강력하게 처벌해야 한다. 사건사고는 있을 수

있는 일이기에 정확한 사실규명을 통해 원인을 밝혀내고, 책임소재를 확실히 구분하는 정확한 처벌이 매우 중요하다. 또한, 군 역시 사건사고 발생사실을 적극적으로 공개할 필요가 있다. 문제가 있을 경우 적극적으로 대처할 수 있는 방안을 강구해야지 군이 아무리 폐쇄된 사회라고 해도 쉬쉬 하는 것은 옳지 못한 방법이다.

Q 병영문화 혁신 특위로 활동하며 가장 강조하고 싶은 부분은?

A 병영생활은 병사가 중심이나, 지휘관의 지휘권 역시 중요한 부분이다. 학교에서 대두되고 있는 '교권 침해'와 같은 문제가 발생할 수 있다. 따라서 신중하게 접근해야 한다. 앞으로 군은 나무를 보는 것이 아닌 숲을 봐야한다. 인권개선과 병영문화의 쇄신을 왜 하는지 확실한 목적을 세워야 한다. 건강하고 강인한 군인정신을 함양하고, 바람직한 군인을 양성하는 것을 기본으로, 강한 국방력을 보유하는 것을 목표로 해야 한다. 사건사고를 덮어두는 것이 아니라 적극적으로 공개하고, 확실한 규명을 해야 한다. 사건사고는 사람이 모여 있는 곳이라면 어디서든 발생 할 수 있는 일이다. 그런 것을 덮고 괜찮다고 하는 것이 바로 아직까지 근본적인 뿌리를 캐내지 못하는 이유이다. 실히 구분하는 정확한 처벌이 매우 중요하다. 또한, 군 역시 사건사고 발생사실을 적극적으로 공개할 필요가 있다. 문제가 있을 경우 적극적으로 대처할 수 있는 방안을 강구해야지 군이 아무리 폐쇄된 사회라고 해도 쉬쉬 하는 것은 옳지 못한 방법이다.

독도경비대를 방문한 박명재 의원이 대원들을 일일이 만나 격려하고 있다.

CHAPTER **3**

특위가 간다!

특위가 간다!

문제는 교육이야! 이스라엘, 영국 사례 연구

책읽는 군대가 강하다

개혁은 쓰고 열매는 달다

1
특위가 간다!

 또, 그 대책?

지난해 8월 6일, 국방부는 한민국 장관과 심대평 대통령 소속 지방자치발전위원장을 공동위원장으로 하는 민·관·군 병영문화혁신위원회(이하 민·관·군 혁신위)를 설치하고 종합적인 대책 마련에 들어갔다. 공교롭게도 여야 원내대표가 국회에 군 인권개선 및 병영문화혁신특위를 설치하는 데 합의하기 바로 직전 일이었다. 임 병장 사건에 이어 윤 일병 사건이 터지면서 군이 사회 여론의 뭇매를 맞는 데 따른 것이다.

민·관·군 혁신위는 전문·실무위원 72명과 자문위원 20명, 군 관계부서 등 100여 명으로 구성되었다. 또 이들을 각각 전문분야에 따라 '복무제도 혁신분과', '병영문화 환경 개선 분과', '리더십 및 윤리의식 증진 분과', '작전기강 확립분과' 등 모두 4개 분과로 나누어 각기 분야에서 병영문화 혁신을 위한 대책마련에 들어갔다.

국회가 군 인권개선 및 병영문화혁신특별위원회(이하 특위)를 발족한 11월엔 이미 민·관·군 혁신위가 대책마련에 대한 활동을 활발히 벌일 때여서 일단 이들이 준비하고 있는 방안을 청취하고 검토할 필요가 있었다. 이에 특위는 그 첫 번째 활동으로 전체회의에서 민·관·군 혁신위가 준비한 대책들을 하나하나 검토해나가기 시작했다.

1차 회의에서 위원장과 간사 선임 등 특위 구성을 완료한 위원회는 당장 차기 회의부터 민·관·군혁신위의 대책안을 듣기로 결정하였다. 일단 민·관·군 혁신위가 잡고 있는 개선의 방향과 내용을 특위가 참고할 필요가 있었고, 당장 차기 년도 예산이 필요한 것은 예산을 특위가 신청해주어야 하기 때문이다.

이윽고, 며칠 뒤 시작된 제2차 전체회의 특위장. 민·관·군 혁신위가 그동안 준비한 혁신안을 들고 있던 특위 위원들의 표정이 점점 어두워지기 시작한다. 먼저 송영근 위원이 마이크를 잡는다.

"병영문화를 선진화시키기 위해서 이제까지 국방부에서 엄청나게 여러 차례 노력을 했는데, 1999년 이후에 여덟 번째예요. 그런데 사고가 터지고 나면 후속대책이라는 게 읽어 보면 거의 비슷한 내용의 재탕 삼탕…"

사고가 터질 때마다 국방부가 들고나오는 대책이란 것이 매번 같다는 점을 지적하고 있는 것이다. 사고 때마다 나오는 대책이 과연 대책인가 하는 질문이다. 잠시 뒤 마이크를 넘겨받은 정성호 위원 역시 같은 취지의 말을 잇는다.

"2005년도에도 전방에 굉장히 큰 사건이 있었습니다. 그 당시도 민·관·군 합동으로 병영문화개선대책위가 구성됐어요. 그래서 (당시 나온 대책을) 찾아봤는데 똑같아요. 당시도 지적된 게 군 인권 경시 풍조, 권위주의, 세대 간 의식 부조화, 병영 환경 낙후, 군 개방 노력 미흡 죽 이렇게 나왔단 말이에요."

2005년 발생한 연천 총기난사 사건을 말하는 것으로 공교롭게도 이번 윤 일병 사건이 있었던 같은 28사단에서 생긴 일이다. 전방 GP 근무 중이던 우리 병사 1명이 내무반(지금의 생활관)에서 동료들에게 총을 쏘고, 수류탄을 던져 8명이 숨지고 가해자는 결국 사형을 선고받았던 충격적인 사건으로 정부는 넉 달 뒤 9개 과제 30개 실천사항을 담은 '선진 병영문화 비전'이 발표했다. 야간점호 개선, 신형 통합생활관 보급, 병사 봉급 인상, 군 의료체계 개편 등을 약속했다.

하지만 그 뒤 이런 대책은 있었는지 없었는지 흐지부지 사라졌고, 군내 사고는 좀처럼 줄어들 기미를 보이지 않았다. 70~80명 수준이던 군기사고(자살·폭행·총기) 사망자는 급기야 2011년 101명을 넘어서면서 처음으로 세 자릿수를 나타냈다. 특히 2008년 75명이었던 군내 자살자는 2011년 97명으로 늘었다. 감소 추세였던 군 영창 수감 병사 수는 2007년 8,361명에서 2011년 1만 2,822명으로 늘었다.[1]

사실 국방부가 대대적인 혁신안을 만든 것은 이번까지 모두 세

---

1) 경향신문, '강군' 구호뿐 인권·민주군대 뒷전 (2014.8.5.)

번째이다. 지난 2000년 2월 국방개혁추진위원회가 '신 병영문화 창달 추진계획'이라는 보고서를 만들었고, 2005년 10월에는 '가고 싶은 군대, 보내고 싶은 군대'를 구현하기 위한 '선진 병영문화 비전'을 발표했다. 당시에도 어렵게 만들었지만 군 당국의 저항이나 실천의지 부족 등으로 별 효과를 내지 못한 채 빛을 바랬다.

실제로 이번에 혁신안으로 올라온 것 가운데 군인복무기본법이라든가 군사법제도개선 문제, 국방옴부즈만 도입 문제, 부대개방행사 정례화 같은 것들은 당시 개선안에서도 찾아볼 수 있다.

결국, 개선안 내용의 문제가 아니라 군과 정부가 얼마나 의지를 가지고 추진하느냐의 문제로 돌아간다. 정권이 바뀔 때마다 그리고 장관이 바뀔 때마다 혁신안을 만들었다, 지웠다를 반복한다면 결국 하나마나 위원회요, 하나마나 특위가 될 게 뻔하고 다음번에도 또 똑같이 같은 것을 들고나올 것이 분명하다.

병영혁신은 단기간에 이뤄질 수 있는 것이 아니다. 장기적이고 넓은 시각으로 군 사법체계나, 의료체계, 징병제도, 군복무자 대우 등을 다시 들여다보는 노력이 필요하다. 그리고 무엇보다 책임자, 담당자가 바뀌었다고 해도 한번 만들어진 대책을 준수하고 추진하려는 의지가 필요하다.

특위장 들여다보기
- 제5차 전체회의

- **일 시** : 2015년 01월 29일(목)
- **장 소** : 국방위원회회의실

– 황영철 위원

 병영문화혁신안이 어쨌든 국방부에서 2008년, 2009년, 2011년 등등 계속해서 혁신대책을 내놓고 있는데 이번 내용과 비교했을 때도 역시 마찬가지로 이전에 내놓았다가 여태까지 실천되지 않은 과제들을 반복해서 내놓고 있어요. 그중에 특별히 군인복무기본법 같은 경우에 있어서는 2005년도에 국방부가 기본법을 제정하겠다고 공언을 했습니다. 10년이 지난 이후에 똑같은 내용을 반복해서 지금 내놓고 있어요. 초급지휘관 리더십교육 강화 등 전문상담관 확대 운영 등등 계속해서 반복되는 혁신안들을 내놓고 이렇게 해서. 그러면 이번에는 반드시 실천하겠다는 것이냐. 이런 의중이 여기에 담겨 있는 것이냐, 이렇게 묻고 싶어요.

– 한민구 국방부장관

 실천 의지를 가지고 있습니다.

– 황영철 위원

 그렇게 하겠습니까?

− 한민구 국방부장관

　예.

− 황영철 위원

　한번 보겠습니다. 다음에 또다시 이런 군부대 문제가 발생돼서 국민적 분노가 커지고 걱정이 커질 때 또 똑같은 안을 내놓고서 특위 만들고 또 반복된 안을 만들어 내고 이런 것은 이제 더 이상 되풀이해서는 안 되겠다, 국민들의 준엄한 요구예요. 국방부장관님께서 이거 책임지고 하셔야 됩니다.

− 한민구 국방부장관

　예, 책임을 느끼고 있습니다. 잘 하겠습니다.

 **시급했던 문제, 예산에 대해서**

　특위가 출범해 본격적인 활동에 들어간 2014년 11월은 이미 내년도 예산 심사가 이루어지고 있었던 때였다. 때문에 특위 위원들은 내심 조바심을 느끼지 않을 수 없었다. 이 말은 아무리 특위가 좋은 개선안과 대책을 내놓아도 예산책정에 하루빨리 손을 대지 않으면 1년 묵은 사업이 될 수도 있다는 뜻이 되기 때문이다. 2014년도에 문제가 생겨서 대책안을 내놓았는데 예산이 한 푼도 없어서 묵혀두면, 과연 2015년 연말에 묵은 대책을 다시 꺼내서 2016년에 예산을 책정할 수 있을까? 매일 매일 작지 않은 일이 생기고 매해 예산 심사 때마다 긴요 긴급한 일이 생기는 국회 사정을 생각하면 쉽지 않은 일이다.

　이에 따라 특위는 출범 초기부터 민·관·군 혁신위가 만든 과제를 하루빨리 평가하고 예산이 시급한 것부터 걸러내야 하는 부담을 안게 되었다. 이에 따라 특위는 본격적인 활동을 시작한 10일부터 매주 두 차례씩 아침 8시 25분에 특위위원들이 모두 모이는 전체회의를 여는 강행군에 돌입했다.

이를 통해 정리된 우선 시급한 예산은 모두 189억 원이었다. 이 가운데 가장 많은 예산을 배정한 것은 '징병검사 전문 인력' 증원분야로 모두 43.4억 원을 책정했다. 입영 단계에서 복무 적합도를 정확히 판단해 사건을 미연에 방지하고 인력을 체계적으로 관리하기 위한 것이다.

현재 우리나라의 징병률은 90%가 넘고 있다. 남성 10명 가운데 9명이 현역병으로 입대한다는 이야기이다. 그러나 남북갈등이 지금보다 더 엄혹했던 1986년엔 51%로 절반을 조금 웃도는 정도였다. 길에서 보는 젊은 남자 두 명 가운데 한 명만 현역병으로 군 생활을 했다는 이야기이다. 그러던 것이 군 복무 월수가 점차 짧아지고 연도별 징병 대상인원수가 점차 감소하는 데다 현역병 입영 대상기준도 낮아지면서 어느새 훌쩍 90%를 넘고 있다. 국방부가 밝히고 있는 2013년 현재 징병률(현역 판정률)은 91%인데, 2022년이면 98%로 늘어날 전망이다.

이 말은 결국 거의 모든 젊은이가 현역 입대하는 시대라는 뜻으로 사회에서부터 문제소지가 있던 사람이 걸러지지 않은 채 군에 입대하게 되고 그에 따라 사고를 일으킬 확률도 늘어난다는 뜻이다. 따라서 입대하기 전, 문제가 될만한 사람을 제대로 걸러내는 시스템을 확립하는 것이 결국은 군내 사고를 줄이는 첩경일 수 있다는 말이다.

 물론 징병검사 때, 정신질환 의심자에 대한 개인별 상담 검사를 현재 군도 하고 있다. 하지만 상담자원에 대한 극심한 부족현상으로 겪고 있다. 현재 군은 신경정신과 의사 한 명이 하루에 평균 42명을 상담하고 있으며 한 사람으로 환산하면 10분 안에 정신 이상자인지 아닌지 판정해야 하는 상황이다. 같은 상황에 대해 민간에서는 한 사람당 평균 1시간 상담하고 있는 것에 비하면 턱없이 짧은 시간이다.

 이에 따라 총 필요인력 70명 중 인력 충원이 시급한 15명(임상심리사 13명, 민간위탁 입회 총괄 2명)부터 올해 중에 우선 증원하기로 하였다. 이후 부족인력은 병무청 통합정원(매년 17명)을 단계적으로 전환해 활용하거나 민간위탁 및 병역대체복무자 확대 방안 등을 종합 고려하여 검토하도록 하였다.

 보호관심병사에 대한 관리문제도 시급했다. 군은 2009년부터 이들 보호관심병사를 모아 재교육시키는 이른바 그린캠프를 운영하고 있는데, 이들 시설에 대한 지원이 절실했다. 여기에는 29.5억 원을 요청했는데, 보호관심병사들에 대한 합리적인 관리체계를 마련하기 위한 병사심리치유 과정인 그린캠프 프로그램 개발과 함께 민간전문가를 채용하는 데 쓰도록 했다.

병사들의 인성함양을 위한 인성개발과 관련, 다양한 독서문화 환경을 조성하기 위해 'GOP 소초 등 격오지 병영 독서카페설치'와 '독서코칭 프로그램 개발'에도 각각 17.6억 원과 21.2억 원을 늦지 않게 요구했다.

이 밖에 군 성폭력 실태조사(5억 원), 리더십 인성교육(6.14억 원), 체력 단련장 설치(28.1억 원), 수신용 공용휴대폰 지급(12억 원) 등도 예산을 우선 배정할 수 있도록 빠지지 않고 요청하였다.

이 가운데 군 성폭력 실태조사는 여태껏 제대로 시행된 적이 없는 여군에 대한 성폭력 실태를 현실적이고도 과학적으로 조사하기 위한 것인데, 실제로 국방부 차원에서 여군 성 피해에 대한 실태 조사가 된 바는 단 한 번도 없었다. 유일하게 신고 통계만이 있을 뿐으로 지금까지 국방부가 얼마나 여군 성폭력 피해를 방치해 왔는지 보여주는 방증이라 하겠다.

하지만 특위가 열심히 준비했던 모두 189억 원의 예산 신청은 받아들여지지 않았다. 모든 특위위원들이 시급성을 동감하고 신청했던 것인데, 안타깝기가 그지없었다. 비록 실패한 예산신청이지만, 여러 사업 가운데 어떤 것에 좀 더 발 빠른 대처가 필요한지 그 중요성을 강조하기 위해 여기에 밝혀 적는다.

2014. 12. 10
김용남, 이채익, 정병국(위원장) 의원이 군 내무반을 방문해 침구와 시설을 점검하고 있다.

 **편하게만 해주면 사고가 안 나나요?**

국회 군 인권개선 및 병영문화혁신특위는 이번 활동을 시작하면서 되도록 많은 군장병 관계자들을 만나려고 노력하였다. 민·관·군 병영문화혁신위의 업무보고와 과제 점검 같은 공식적인 활동 외에도 일선 부대를 방문하여 근무 중인 장병들의 이야기를 들어보았고, 그린캠프에서 치료를 받고 있는 이른바 보호관심병사들도 만나서 이야기를 나누었다.

이렇게 다양한 부류의 국민들을 만나면서 미처 알지 못했던 다양한 것들을 깨달았고, 우리 특위의 활동 목적을 더욱 분명하게 되새기는 순간들의 연속이었다. 그 가운데에서도 군내 폭력이나 가혹행위를 어떻게 하면 근절시킬 수 있는가에 대한 현역 장병들의 이야기는 정말 새겨들어야 할 이야기로 어떤 전문가들보다 정확한 진단을 내리고 있었다.

지난 1월 13일 연세대 공학원 대강당에서 있었던 병영문화 개선을 위한 국민토론회장으로 잠시 돌아가 본다. 이날 토론회는 현재 복무 중인 장병은 물론이고 그들의 여자 친구 또 이미 제대한 예비역, 자식을 군에 보낸 부모 등등 되도록 많은 당사자를 모시고 병영문화혁신을 위해 진실로 필요한 조치는 무엇인지 허심탄회하게 듣기 위한 자리였다. 먼저 민·관·군 혁신위가 그동안 준비한 22개 과제를 간략하게 설명과 함께 인쇄물로 설명했다.

발제는 병영문화혁신 지원 TF의 김선호 준장이 맡았는데, 병사들 앞에서 장군이 발표를 하는 보기 드문 장면이 연출되기도 했다. 그런데 혁신안을 들은 병사들의 반응은 어딘지 모르게 불편해 보였다. 마이크를 잡은 공군 제17 전투비행단의 김우석 병장은 다음과 같이 말한다.

> "저는 장병이 보람을 느끼는 군대를 만들어야 한다고 생각합니다. 각종 인권, 가혹행위 사고의 본질적인 문제는 장병 스스로 보람을 느끼지 못하기 때문에 발생한다고 생각합니다. 솔직히 많은 장병들이 군대라는 조직에 자긍심을 느끼기보다는 적당히 눈치만 보다가 나가라고 하고 있습니다. 이런 데서 어떤 문제 해결책을 찾기는 어려울 것 같습니다."

비교적 하얀 얼굴에 말끔한 외모의 김 병장은 그러면서 한 가지 일화를 소개했다.

"제가 아는 어떤 대대는 인권교육 받고 언어 순화교육 받고 다 받고 있었지만, 뒤로는 서로 헐뜯거나 괴롭히는 게 여전했습니다. 그러다 우연한 계기로 20명 대대 병사들이 체육대회에 나가게 되면서 열정적으로 함께 운동하고 하면서 그 뒤로는 가혹행위 같은 게 싹 사라졌습니다."

그러면서 김 병장은 왜 가혹행위들이 사라졌는지 나름 자신이 분석한 결론을 소개했다.

"저는 그게 자긍심이나 자부심은 아니더라도 병영생활의 의미를 찾았기 때문이라고 생각합니다. 병사가 군대라는 조직에 대해서 어떠한 자부심이나 애착심을 못 느끼니까 일탈행동들이 나타난다고 봅니다. 군생활이 낭비가 아니라 기회가 된다고 느끼는 게 가장 중요하다고 생각합니다."

개혁과 혁신의 방향이 그저 편하게 해주는 게 다가 아니라는 발언은 또 다른 곳에서도 나왔다. 이번에는 제대한 지 2년이 되었고 친구는 아직 장교로 근무하고 있다는 예비역 병장 한갑렬 씨의 말을 들어보자.

"권고안 자체가 장병들의 복지나 소통에 치우쳐 있는 것 같습니다. 개인적 의견은 혁신안 자체가 군대라는 조직의 특성을 이해하지 못하고 만들었다는 느낌입니다. 군대라는 집단은 근본적으로 국가안보의 중심이며 폭력을 관리하는 집단입니다. 그런데 권고안의 방향은 크게 군인이니까 용사니까 배려해주자, 보듬어주자, 외부노출을 많이 해주자 이런 식입니다. 소통을 해야 한다며 SNS 소통 등 예 들었는데 이해가 잘 안 됩니다."

한 씨 또한 한 가지 일화를 소개했다.

"제 친구 부대에 있었던 일인데, 부대 핸드폰 SNS 페이지에 한 병사가 딱 이틀 사진을 올리지 않았더니 부모님이 부대로 전화를 걸었답니다. 덕분에 전체 부대가 그 병사를 찾기 위해 혈안이 됐고, 부대장 앞에서 자기 잘 있다고 전화를 직접 걸고 난 다음에야 소동이 풀렸다고 합니다."

그러면서 그는 사고가 날 때마다 나오는 권고안을 보면 마치 군대를 거대한 '탁아소' 마냥 취급하는 것 같다며 군은 일차적으로 전투하는 집단인데 그런 식의 어설픈 대책들이 군대를 약하게 만드는 것 같다는 뼈있는 지적을 내놨다. 두 사람의 발언은 토론회에 참석한 군과 특위 위원들의 정신을 번쩍 차리게 해주었다. 모든 개혁과 혁신안의 목적은 바로 강한 군대를 만들기 위한 것이지 장병들을 편하게만 해주려는 게 아니기 때문이다.

특히 장병 스스로 보람과 자긍심을 느끼도록 하는 것이 바로 개혁의 방향이자 목표임을 정확하게 지적한 현역 병사의 말은 특위와 국방부 고위 관계자 그리고 지휘관들이 곱씹어야 할 대목이다.

그는 밖에 나가서도 군복을 자랑스럽게 입을 수 있어야 영내 폭력이 사라질 것 같다고 했다. 그만큼 병사 스스로 군 생활에 대한 자긍심과 의미를 느낄 수 있도록 해야 한다는 의미이다. 그런데 우리 군 지휘부 일부는 그렇게 생각하지 않는 것 같다. 전직 육군참모총장 가운데 한 명은 모 신문 기자와의 인터뷰에서 "옛날에는 생도 제복이 멋있어서 사관학교에 왔다고 했는데 요새는 밖에 나갈 때면 사복부터 입는다고 한다"라며 "이는 제복 자체를 의식하든 안 하든

부끄럽게 생각하는 것으로 그런 정신 상태에서 명예심이나 희생정신은 나올 수 없다"고 말한 바가 있다.[2]

군복 입기를 부끄러워하고 있는 '정신상태'를 탓하기보다 부끄러워하고 있는 '현실'을 좀 더 고민해야 하지 않을까? 그리고 어떻게 하면 군복을 입는 의미와 자긍심을 자연스럽게 느끼도록 만들어주어야 스스로 군복을 입지 않을까? 거기에 군내 사건·사고를 줄일 수 있는 길이 있으리라 생각한다.

---

2) 한국군 코멘터리(2013), 박성진, 도서출판 예문

정답은 간단할 수 있다 – 병사자치제도

수은주가 영하 10도 가까이 떨어지며 동장군이 기세를 올리던 지난 1월 8일 정병국 특위원장과 정병국, 이채익 특위위원들은 병사자치위원회로 주목을 받고 있는 공군 제17전투비행단을 방문했다. 병사자치위원회는 병사들의 문제는 병사들이 자율적으로 해결한다는 취지로 만들어진 제도로 병사들과 관련된 복지나 근무 문제 또 행사까지 부대 내 다양한 사안에 대해 병사들이 스스로 의사결정도 하고 수칙도 만들어서 운영하는 제도다. 병영기자단을 운영하며, 동아리 활동을 지원하는 역할도 한다. 일종의 자치기구라고 생각하면 이해하기가 쉽다.

자치의 수준이 어느 정도인가 하면 일단 6시 이후에는 퇴근 개념을 도입해, 병사들은 근무가 끝나면 병자치위원회가 있는 건물로 들어간다. 그리고 해당 건물에는 절대로 장교가 들어갈 수 없다. 완전히 병사들만의 공간인 셈이다. 그 안에서 이들은 동아리 활동과 취미 생활, 그리고 자신들끼리의 자치 활동을 온전히 보호받는다.

병사자치위원회는 각 대대 소속 병사들의 자원 또는 추천을 거쳐 6개월 임기로 구성되며 선정된 병사들은 근무 일부를 면제받는다. 자치위원회에 속한 장병들은 '으뜸 병사'로 불린다. 이들은 건의사항 취합과 환경미화, 부대 행사 등 군 생활과 관련된 사항에 대한 의견을 제시하고 운영한다.[3] 해외 유사 사례로는 장교, 부사관, 사병이 각각 선출한 대표위원이 인사 근무 등과 관련 제안권을 행사하는 독일의 군인참가제가 있다.

병자치위원회가 있는 건물은 대학교에서나 봄 직한 하나의 거대한 동아리 건물이었다. 그 안에서 밴드 활동도 하고, 영어 회화, 중국어 등등 병사들은 자신들이 하고 싶은 것을 마음껏 누리고 있었다. 그것도 자신들끼리 가르치고 배우는, 선임과 후임의 관계가 아니라 그 순간만큼은 강사와 학생으로 보였다.

자치위원들을 만난 자리는 흡사 카페와 같았다. 이곳이 한국군 부대인지 미군 부대인지 모를 정도였다. 자치위 건물도 그냥 처음부터 있었던 것이 아니라 2년 전 병자치위원회가 동아리 활동을 할 장소가 없다고 하자 아예 한 개 건물을 병사들의 공간으로 만들어 준 것이라고 한다.

---

3) 동아일보, 병사들 스스로 수칙 만들어 실천… "사고? 우린 몰라요" (2014.8.12.)

2015. 1. 8
특위 위원들이 병사자치제도를 잘 활용하고 있는 공군 제17전투비행단에서
제도 운영현황을 병사로부터 직접 듣고 있다.

　병사들은 병자치위원회제도에 매우 큰 만족감을 나타냈다. 그들은 "통제니 간섭이 없으니 병사들의 만족도가 높다"며 "병사들의 일을 병사가 스스로 결정하다 보니까 자유에 따른 책임을 훨씬 더 크게 느낀다"라고 말했다.

　특히 우리에게 병자치위원회를 프레젠테이션 한 으뜸병사는 "원래 미국 시민권을 갖고 있는데 미국사람이 자기 나라에 갖는 충성심을 나도 한 번 우리 조국에 대해 느끼고 싶어서 입대했다"며 "군

생활을 통해 우리 대한민국이 처해있는 현실도 직시하게 되고 나라에 대한 자부심도 생기고 앞으로 어떻게 살아야 할지 깊은 생각을 하게 됐다"며 맑고 자신에 찬 눈빛으로 말했다.

그 눈빛을 보며 얼마 전 보호관심병사들을 모아두고 관리하고 있던 그린캠프를 방문해 만났던 병사들의 눈빛이 기억났다. 그들에게 서는 이런 눈빛을 찾아볼 수 없었다. 초점을 잃은 시선으로 어쩔 수 없이 요가 동작을 따라하고 있던 그들은 우리에게 왜 자신이 이곳에 왔는지 잘 모르겠고, 그저 넓은 곳으로만 가고 싶다고 말했다.

병사자치위원회의 이 같은 활동은 사고를 예방하는 데도 도움이 되는 것 같다. 지휘관들은 "병사들이 병영문화 개선의 주체라는 인식을 갖게 되면서 병영생활에 자부심을 갖게 됐다"며 "병사들이 먼저 나서 문제점을 이야기해주니 큰 사고를 예방하는 효과가 있다"는 반응을 보인다.[4]

이들은 자신들끼리 직접 토론회를 주제를 놓고 갑론을박을 벌이기도 하는데, 얼마 전에는 '과연 조종사 기수까지 강제로 외우게 하고 시험 보게 하는 것이 필요한가, 개선할 방법은 없는가'였다고 한

---

4) 동아일보, 병사들 스스로 수칙 만들어 실천… "사고? 우린 몰라요." (2014.8.12.)

2015. 1. 8
정병국 위원장이 공군 제17전투비행단을 방문해 병사들의 의견을 청취하고 있다.

다. 여느 부대에서 이런 질문을 던졌다면 그는 십중팔구 관심사병으로 낙인찍혔을 것이다.

아무리 으뜸병사라도 사병인데, 그들에게는 하늘 같은 장군과 외부 국회의원을 만나는 자리에 자기전용 커피 병을 들고 올 수 있는 분위기를 확인한 우리는 지휘관과 병사들 간의 상호소통이 얼마나 중요한지, 새삼 깨달았다.

물론 부대 단위 자체가 대규모인 공군과 여러 단위로 잘게 쪼개

져서 근무하는 육군 등의 처지와 환경이 다르지만, 타군에 적용할 수 있도록 하는 문제를 깊이 검토할 필요성을 느꼈다.

2015.1.8
군 인권개선 및 병영문화혁신 특별위원회 위원들이 공군 제17전투비행단을 방문했다.

인터뷰 – 박재우 병사 (공군 제17전투비행단)

공군 제17전투비행단은 인권 중심의 병영문화를 정착시키는 데 병사자치 제도를 십분 활용하고 있다. 해당 부대 병사의 이야기를 통해 고질적인 군내 가혹행위 및 각종 사건사고 근절의 실마리를 가늠해본다.

Q 공군에 지원한 이유는 무엇인가?

A 무엇보다 공군 문화의 앞서 나가는 자세였습니다. 공군의 경우 지휘관부터 이병까지 일과 후 개인시간에 자기계발을 장려하는 분위기가 활성화 되어 있습니다. 또한 병사자율위원회, 동기생활관 같은 선진 병영 정책들을 타군보다 먼저 도입하여 좋은 평가를 받고 있는 것을 보고 확실히 공군은 앞서 나가고 있다는 생각이 들었습니다.

Q 부대 내 폭력이나 가혹행위 등을 당하거나 목격한 적이 있나?

A 제가 일·이병 때는 일부 권위적이고 난폭한 선임들 몇몇이 후임을 괴롭히는 경우가 있었습니다. 그러나 현재는 단장님 이하 지휘관들 및 주임원사님들의 확고한 의지로 없어졌고, 특히 병사자율위원회의 활성화로 인해 그런 일들이 사라졌습니다.

Q 부대 내 폭력, 가혹행위 신고 제대는 제대로 활용되고 있다고 생각하는가?

A 대체적으로는 잘 활용되고 있다고 생각합니다. 하지만 문제는 오히려 가장 심한 가혹행위를 당하는 병사들은 신고를 하지 않는 경우가 많다는 것입니다. 2년 군 생활을 해본 결과로 많은 병사들을 보았는데 가장 가혹행위를 심하게 당하는 병사들은 인내심이 많은 병사들이었습니다. 인내심이 강하다 보니, 상

습적 으로 당해도 신고를 하지 않고 그저 참고 견디고만 있는 모습들을 많이 보았습니다. 오히려 일부 인내심이 부족한 병사들 몇몇이 크지 않은 일로 바로 신고를 하는 경우도 있습니다. 옳지 못한 일을 당하고도 꼭 참고 견디는 것이 미덕이 아니라는 것, 본인 뿐 아니라 후임들, 더 나아가 비행단 전체의 분위기와 우리 군의 사기를 위해서라도 악·폐습 및 가혹행위를 신고해야 한다는 것을 처음부터 교육해야 한다고 생각합니다.

Q 박재우 병사가 바라보는 군대 내 폭력, 가혹행위가 사라지지 않는 이유는 무엇이라고 생각하는가?

A 저희 17비행단은 인권 중심의 선진 병영문화를 안착시키려는 그동안의 노력으로 대한민국 선진병영문화의 모범부대가 되었습니다.
그러나 작년에 일병들과 가졌던 간담회에서 이런 이야기가 나왔습니다. "때리는 사람이 없어도 나는 불행하다. 나는 지금 내 인생 2년을 낭비하고 있다." 많은 병사들이 습관처럼 이런 이야기를 합니다. "군대에서는 뭐 해봤자 소용없다. 그냥 적당히 눈치 보다가 전역하는 게 최고다." "군대에서 어차피 남는 거 없다. 군대는 인생의 낭비다."
조직원들이 이런 생각을 가지고 있는 상황에서 조직은 사실 어떠한 발전도 기대하기 어려울 것입니다. 저희는 이것이 장기적으로 반드시 풀어야 하는 대한민국 군대 병영문화의 본질적인 문제라고 생각합니다.

특위위원 핫! 인터뷰 – 이채익 위원

이채익 의원은 이번 특위에서 군 성폭력 대책 및 군 의료체계 개선소위원회에서 활동했다. 특히 현장 공군전투비행단이나 육군 훈련소 등 우리 병영실태를 파악하기 위한 현장 활동에 심혈을 기울였다. 그런 이 의원이 카메라를 마주했다.

Q 병영실태 파악을 위해 논산 육군훈련소와 제17전투비행단 등을 방문했는데, 현장에서 확인한 우리 군의 모습은 어떠했나?

A 17전투비행장의 경우 병사중심의 병영자치위원회를 운영하면서 선도적으로 군 인권개선 문제를 해결해 나가는 모습이 인상적이었는데, 앞으로 이러한 모범사례가 국회를 통해 육군과 해군, 그리고 해병대 등 각 부대에서 벤치마킹 할 수 있도록 하려고 한다. 나라 지키는 일만큼 성스럽고 좋은 일이 없기에 자긍심을 갖고 국방의 의무를 다해달라고 당부하고 돌아왔다. 대한민국 미래의 동력인 젊은 장병들의 인권개선 및 병영문화혁신을 위해 최선을 다하겠다.

Q 병사들의 애로사항도 청취했다고 들었다. 어떤 이야기들이 오갔나?

A 익산 부사관 학교에서 직접 장병들을 만나 애로사항을 들어보니 아직 군부대의 시설은 열악하다는 것을 느꼈다. 그 예로 간부 육성을 위한 선행교육을 하는데 거기에 필요한 PC조차 보급이 제대로 이뤄지지 않고 있다는 것이다. 그리고 간부후보생 월급이 14만원이라는데, 병장월급 17만원보다 적은 점 등을 호소했다. 아직도 많이 부족하다는 것을 느꼈다.

Q 군 인권실태조사 연구보고서에 따르면 30%에 가까운 병사들이 아파도 아프다고 표현하지 못한다고 한다.
21세기에 어울리지 않는 20세기형 병영문화, 어떻게 바꿔야 할까?

A 지난 2013년 발간된 군 인권실태조사 연구보고서에 따르면 27.2%에 달하는 병사들이 아플 때 아프다고 표현하지 못한 경험이 있는 것으로 조사되었다. 이는 2005년 국가인권위 조사 수치보다 5.7%나 상승한 수치로 군대내 진료권 보장이 후퇴하고 있다는 점을 보여주고 있다. 특히, 그런 병사 중 32.6%가 선임병의 눈치가 보여서 자유롭게 의사를 표현하지 못했고, 19.4%는 '군 진료에 대한 불신이 있다'라고 응답하는 등 병영문화 개선방안 마련이 시급하다. 이번 군 인권개선 특위를 통해 원격의료시스템 구축을 논의하고 있는데 이보다 어려움 없이 병사들이 군 의료시스템을 이용할 수 있도록 하는 환경을 조성하는 것이 선행되어야 할 것이다. 또 응급수술과 군 특수의학 대응을 위해 외과계열 등 군 의료 특성에 맞는 전공과목 전문의를 육성해야 한다.

더불어, 군인의 예방접종 기록 DB구축을 통해 국가적 차원에서 불필요한 예방접종을 방지 하고, 개인의 입장에서는 평생 동안 기록을 관리해서 국민의 건강증진에 기여할 수 있어야 한다. 이를 바탕으로 장병들이 신뢰할 수 있는 의료체계를 구축하는 것이 가장 중요하다고 본다.

2015. 1. 8
이채익 의원이 육군부사관학교를 방문해 장병들의 애로사항을 청취한 후 인사를 나누고 있다.

 군대에만 맡겨서는 안 된다

지난 5월 13일, TV 속 빨간 자막의 속보가 이제 막 점심시간을 앞두고 있던 국민들을 또 한 번 놀라게 했다.

"예비군 부대 총기난사, 수 명 사상"

시간이 점점 지나면서 수 명은 점차 네, 다섯 명으로 늘어나고 사상도 '사망'과 '부상'으로 점점 실체를 분명하게 나타냈다.

"아니, 대형 군부대 사고가 난 지 얼마나 지났다고 또 총기 난사?"
"그것도 현역 부대가 아니라 예비군?"

TV를 보고 있던 직장인들, 주부들, 학생들 등등 국민은 어안이 벙벙했다. 현역 부대에서 일어났다면 지금까지 여느 사건처럼 보이련만, 사회인들이 훈련받는 예비군 부대라니 도대체 이해가 가질 않는 것이었다.

사건은 이랬다. 이날 오전 서울 서초구 내곡동에 있는 한 예비군

부대는 동원훈련 이틀째를 맞아 사격훈련을 하고 있었다. 사격 대상 예비군들은 각각 K-2 소총과 총탄 10발이 든 탄창을 지급받았다. 25m 거리에 있는 표적을 맞히는 훈련이었다.

훈련이 한창 진행될 무렵 맨 왼쪽에 있는 1번 사로(사격 코너)에서 총을 한 발 쏜 23살 최 모 씨가 갑자기 일어섰다. 그러고는 한 치의 망설임도 없이 자신의 옆에 있던 부사수 병사와 오른쪽 2, 3, 5 사로에서 각각 총을 쏘던 예비군들을 향해 조준 사격하듯 한 발 한 발 총을 난사한다. 그러고는 9번째 총탄에서 자신의 이마에 총구를 대고 스스로 목숨을 끊는다.

순식간에 벌어진 일에 훈련장은 유혈이 낭자하며 아수라장이 되었다. 3사로에 있던 예비군 병사는 머리를 관통당했고, 결국 심장이 멈추며 숨을 거뒀다. 1사로에서 최 씨와 함께 있던 윤 모 예비군 병사 역시 폐를 크게 다쳐 긴급하게 병원으로 옮긴 뒤 응급 수술을 했지만 과다출혈 및 허혈성 뇌 손상으로 같은 날 밤 끝내 눈을 감는다. 현장에서 총을 맞은 또 다른 병사들은 다행히 목숨은 건졌지만 크게 다친 것은 마찬가지.

사건이 나자 사격 훈련 운영 규정을 어긴 부대의 부실관리가 가장 먼저 언론의 도마 위에 올랐다. 사격 훈련의 경우 엎드려 쏴 자세에서 행여 몸을 조금이라도 일으키면 옆에 있던 조교가 이를 즉각 제압해야 한다. 하지만 현장에서는 이런 일은 없었다. 한 줄에 20개였던 사로를 병사 6명이 관리하고 있었다. 원래대로라면 한 개 사로 당 한 명의 조교(현역 병사)가 배치되어야 하는 것을 크게 어긴 것이다. 그러니 가장 가까운 곳에 있던 조교라 할지라도 적어도 한두 사로 거리 정도는 떨어져 있었을 것이다. 즉각 제압할 수 없었던 직접적인 이유이다. 또한, 6명 조교 가운데 그나마 세 명은 이등병이었다.

이런 부실한 사격훈련관리 실태가 한창 문제가 되었지만 사실 그것은 이전의 사고에 비해 충격이 되지 못했다. 왜냐하면, 예비군 사격훈련장 모습이 해당 부대와 크게 다르지 않다는 것을 일단 군을 다녀와 예비군 훈련을 받아온 대한민국 성인 남자 대부분 알고 있었기 때문이다. 규정을 어긴 것은 어긴 것이지만 그렇다고 해서 꼭 사고가 나는 것은 아니란 것을 국민 대부분 잘 이해하고 있었다.

그러니 관심은 자연스럽게 도대체 왜 현역병도 아닌 예비군인 최씨가 그런 일을 저질렀을까로 연결되었다. 더구나 예비군장에서 만난 사람들이라면 딱히 최 씨를 가해할 만한 일도 없었을 가능성이 컸다.

그런 최 씨를 묘사하고 규정한 한 가지 단서가 나왔다. 바로 군복무시절 최 씨가 보호관심병사이었다는 사실이다. 보호관심병사란 군 생활에 적응하는데 어려움이 있어서 문제나 사고를 일으킬 가능성이 큰 병사를 말하는 것으로 말 그대로 '보호'와 '관심'이 필요한 병사이다.

최 씨는 육군의 한 보병사단에서 군 복무를 하다 2013년에 전역했는데, 현역 시절 중등도의 우울증과 인터넷 중독으로 B급 관심병사로 분류되었다. B급은 정도와 우려가 가장 큰 A급보다는 낫지만, 가장 낮은 등급인 C급 보다는 높은 중간 정도를 말하는 것이다.

그는 네 차례나 소속 부대를 옮겼고 군 복무 중에 정신과 진료 또한 받았다. 결국 그는 군대에서 사고만 내지 않았을 뿐 우울증 등 정신과적 치료를 요하는 것들을 제대와 함께 부대로 나오면서 그것 역시 함께 가지고 나왔던 것이다.

최 씨는 유서로 보이는 메모에서 과거에 군 복무 시절 부대원들을 죽이지 못한 것이 한스럽다거나 내일 사격을 하는데 모두를 죽이고 자신 또한 자살하겠다는 식의 글을 남긴다. 다음날 사격 훈련 때는 일부러 사로를 바꾸는 등 용의주도한 계획하에 어마어마한 일을 저지르고 만다.

보호관심병사 제도가 최 씨를 그저 군대에서만큼은 사고를 내지 않도록 하는 데 성공한 것인지 모르나, 결국은 그의 본질적인 범행 욕구마저 없애지는 못했다. 그리고 기어이 사고는 났고, 다른 시민 두 명은 목숨을 뺏겼으며 다른 두 명은 신체를 크게 다쳤다. 이들 또한 몸만 다친 것은 아닐 것이다.

보호관심병사는 주로 입대 전 병무청 신체검사에서의 인성검사나 입대 초기 가입소 기간에 행해지는 인성검사, 군 생활 중 지휘관과의 면담 등을 통해서 선별된다. 관심병은 지휘관과의 면담과 비전캠프, 그린캠프에 지속적으로 참여한다.

그러나 병사들의 고민 상담을 한 뒤 생활지도기록부 등에 기록만 하면 관리는 그것으로 끝나기 십상이다. 사고가 나도 상담기록만 있으면 지휘관의 책임은 경감되기 때문이다.

그나마 관심 병사로 분류될 경우, 해병대에서 문제가 된 기수 열외와 비슷한 대우를 받게 될 가능성이 커서 어떤 병사는 자신의 문제를 숨기려고 하는 경향도 있다.

"관심 병사 제도가 잘만 활용하면 좋긴 한데 그렇게 안 되죠. 또, 관심병사로 한 번 지정되면 어떤 지휘관은 아무 일도 안 하게 관여를 안 하고 내버려 두기도 해요. 그래서 차라리 관심병사가 되어서 작업 같은 것에서 열외되니까 자연스럽게 미움을 받게 되기도 해요."

최근 군을 제대한 한 대학원생의 말이다. 최 씨의 경우도 사고만 내지 않았지 비슷했을 것이다. 관심 병사로 낙인이 찍히고 난 뒤에는 이 부대 저 부대 옮겨 다니며 동료들과 섞일 기회는 사실상 적었을 것이다. 그러면서 자연스럽게 '저들'과 '나'라는 이분법적 사고에 갇히면서 불특정 다수에 대한 증오를 키웠을 것이다. 그리고 그는 제대한다.

최근 한 언론사가 취재 방영한 바에 따르면 최 씨가 살고 있는 마을 주민들은 최 씨가 평소 술병을 들고 다니면서 이상한 괴성을 지르곤 했다고 말한다. 그런 최 씨가 아무렇지도 않게 총을 잡다니! 결국, 우리는 누군가가 언제 나의 옆구리에 총을 쏠지 모르는 세상에 살고 있는 셈이다.

　이런 생각을 해본다. 애초에 최 씨의 군 복무 기록을 예비군 부대가 입수해서 관리를 했더라면 이라고 말이다. 아니면 최 씨가 살고 있는 지역 주민센터에서 또한 관리가 되었다면 이라고 말이다.

　아니면 차라리 아예 보호관심병사로 낙인찍히어 군 생활을 할 때부터 적절한 치료와 관심을 계속 받으면서 그 원인에 대한 치료를 제대로 받았다면 하고 말이다. 지금까지 가정했던 것들 가운데 하나라도 제대로 되었다면 애먼 우리 시민들의 목숨은 사라지지 않았을 것이다. 가해자 최 씨를 포함해서 말이다.

　군대의 문제를 군대에만 맡길 수 없는 까닭이 바로 이것이다. 실상 사회나 군이나 언제 터질지 모르는 시한폭탄을 서로 돌려막기하고 있는 것인지도 모른다. 보호관심병사라는 미명하에 낙인찍거나 내버려두거나, 아니면 다른 부대로 보내버리는 등의 무책임에서 눈을 떠야 한다. 군과 사회 모두 마찬가지이다.

　병사들을 지키는 것이 곧 시민을 지키는 문제가 되었다. 그린캠프라는 것으로 멈추어서는 안 된다. 군에서 발생한 문제를 그리고 원인을 치료하지 못했다면 그 이후 사회에서도 치료하고자 하는 지속적인 관심을 기울여야 하지 않을까. 국가와 사회의 총체적인 관심이 필요하다.

2014. 10. 24
1군단 그린캠프를 방문한 윤후덕 의원이 군단장에게 운영현황을 질의하고 있다.

국방부, 보호관심병사 지정 규정

| A급 | **특별관리대상**
- 자자살우려자
- 진단도구 검사결과 특별관리 대상자
- 사고유발 高위험자

| B급 | **중점관리대상**
- 결손가정, 신체결함, 경제적 빈곤자
- 성격 / 지능장애자
- 구타 · 가혹행위 우려자
- 사고유발 위험자

| C급 | **기본관리대상**
- 입대 100일 미만자
- 허약 체질자 등 보호가 필요한 병사
- 특별관리대상에서 등급조정자

병영문화 개선을 위한
국민 대토론회

2015.1.13

정병국 특위 위원장
"오늘 주신 말씀 가운데 정책에 반영해야 것은 예산을 편성해서 꼭 반영하도록 하겠습니다. 우리 병영문화를 개선하는 데 좋은 말씀 부탁드립니다."

김요환 육군 참모총장
"육군이 강한 훈련과 끈끈한 전우애로 뭉쳐진, 싸우면 이기는 군이 되도록, 병영문화를 획기적으로 개선해나가도록 하겠습니다. 참여해주신 분들께 감사드립니다."

"**아들이 부사관으로 제대한 어머니입니다.**
정신적으로 문제가 있는 병사들을 자격을 가진 어머니들이 상담을 해주면 부모와 자식의 입장으로 그들이 정신적인
안정을 하는데 도움이 되리라 생각합니다."

"저는 아들이 해군으로 제대한 어머니인데요,
막상 군에 입대하는 젊은이들을 보면 군 생활에 대한 정보가 제대로 없다는 걸 알았습니다. 고등학교 수능이 끝난 뒤 졸업하기까지 시간동안 군 생활에 대한 정보를 주면 스스로 적극적인 군 생활을 하도록 유도할 수 있지 않을까 합니다."

정병국 특위 위원장
"입대 전 교육을 통해서 입대 예정자가 마음의 준비와 선택을 원활하게 했으면 좋겠다는 말씀이었습니다."

"아들을 전방에 보낸 아버지입니다.
초급간부들이 병사들을 제대로 심리상담 할 수 있도록 상담 기법 교육을 실시할 것을 제안합니다. 군 실정에 맞는 심리도구를 만들고 이것을 3개월 정도 교육하면 초급간부들이 단순한 관리자가 아닌 상담자의 입장에서 보다 병사들을 잘 이끌 수 있을 것입니다."

공군 제17전투비행단 김우석 병사
"병사들이 군대라는 조직의 자긍심을 조금도 느끼지 못하는 경우가 많다는 것을 느낍니다. 병사들이 습관처럼 군대는 그냥 낭비다. 2년 때우다 나가는 곳이라고 말합니다. 조직구성원이 이렇게 느끼는 한 어떤 교육을 해도 그 조직은 발전하기 어려울 것입니다."

육군 28사단 박진수 상사
"풋살장을 짓는다, 체육관을 짓는다, 인프라를 확충한다고 하지만 대개는 큰 부대 단위의 이야기입니다. 중대단위 부대나 해체 대상 부대는 병사들이 열악한 상황에 놓여 있곤 합니다."

정병국 특위 위원장

"이전해야 하거나 해체해야 하는 부대들은 병영개선을 못 하고 있지요. 10년이나 15년 더 기다려야 하는 부대도 있어요. 그런 부대는 예산을 투입하지 못하죠. 그래서 이렇게 열악한 환경에서 병사들이 계속 지내야 하는 현상들을 봤는데 어떻게 해소할 것인가 고민하고 있습니다."

육군 28사단 양준희 병사

"전방에 투입되는 병사입장에서 하루 24시간도 모자랄 만큼 과업과 전투태세 준비 등을 합니다. 병영문화 개선에 많은 대책이 나왔는데 한꺼번에 다 할 수 있을까에 대해 의문입니다. 정착하는 데 시간이 필요합니다."

공군 제17전투비행단 박재우 병사

"많은 제도 중에 병사의 자부심을 키울 수 있는 것이 저희가 운영 중인 병사자치위원회라고 생각합니다. 자기와 관련된 제도나 규율을 스스로 정하고 교육 프로그램도 병사들이 스스로 짭니다. 최근 청춘 강연 프로그램을 시행했는데 그 후 병영 내 독서율이 올랐던 실제 경험이 있습니다."

정병국 특위 위원장

"저 부대를 방문해봤는데, 한 개 건물이 완전히 병사들의 자치공간이어서 그 안에는 카페도 있고, 동아리방도 있습니다. 간부들이 전혀 들어오지 못하는 공간인데요, 공군이어서 가능한 측면도 있을 것입니다."

육군 전역자 한상렬

"병영혁신 TF 권고안을 보니까 병사들을 마냥 보듬어주고 편하게 해주어야 하는 대상으로 본 측면이 강합니다. 휴대전화를 모두 지급해서 부모님이 수시로 걸 수 있게 한다는 것인데, 군대를 마치 꼭 거대한 탁아소처럼 생각하는 게 아닌가 합니다."

정병국 특위 위원장
"병영문화개선은 강한 군대를 만들고자하는 것인데 이게 과연 강한 군대를 만드느냐 오히려 장병을 약자로 만드는 문제가 있다는 지적입니다."

강용배 교수(대령 예편)
"권고안이 군과 외부와의 소통에만 중점을 둔 듯합니다. 병영 내에서만이라도 소통이 잘 이루어지면 사고는 안 납니다. 간부와 병사 간의 상하소통, 병사 간의 소통의 스킬과 방법에 대해 연구하고 이것을 가르쳐야 합니다."

육군 15사단 정원우 병사
"일·이병 때는 부조리라고 생각했던 것을 선임이 되면 당장 편하니까 잊곤 합니다. 그래서 병영이 안 바뀝니다. 그런데 저는 우리 연대에서 진행하는 계급별 캠프를 가서 다시 깨닫는 계기가 됐습니다. 이것을 모든 군으로 확대하면 좋을 것 같습니다."

육군 7공병여단 최재형 병사
"1년 동기제가 병사들 간의 악습을 줄이는 데 어느 정도 역할을 한 건 맞습니다. 하지만 아무리 좋은 제도라고 해도 어느 날 갑자기 시행하면서 많은 혼란을 겪어야 했습니다. 제도 시행 전 충분한 사전 교육이 있었으면 합니다."

마무리 발언 정병국 위원장

"
다녀오면 나의 경쟁력이 높아지는 그런 군대가 우리 모두가 꿈꾸는 군대라고 생각합니다. 군대를 통해 사람이 바뀌고, 이 바뀐 사람들이 지속 가능한 대한민국을 만드는 것이 우리의 목표가 아닐까 합니다. 하나씩 바꿔 가면서 우리의 미래를 개척해 나갈 수 있다고 생각합니다.
"

2

문제는 교육이야!
이스라엘, 영국 사례 연구

 방산 강국 이스라엘의 배경, '탈피온'

이스라엘은 여러모로 우리와 유사한 점이 많다. 적대적인 국가들에 둘러싸여 있어서 언제나 긴장 속에 살아야 한다는 점이 그렇고, 가진 자원이라곤 사람밖에 없는 점도 닮았다. 차이가 있다면 이스라엘은 건국 이후 지금까지 6일 전쟁, 레바논 전쟁 등 끊임없이 전쟁을 치르고 있지만 우리나라는 다행스럽게도 한국전쟁 이후 적어도 전면전은 없었다는 점일 것이다. 때문에 주변국들과의 끝없는 다툼에도 불구 자주국방을 실현하고 있는 점에서 이스라엘은 우리와 비슷하면서도 다르다. 때문에 과거 70년대에는 자기보다 몇 배나 덩치가 큰 아랍권을 상대로 당당하게 자주국방을 실현하고 있는 이스라엘을 배우자는 붐도 일었고 상호 친선 축구대회를 따로 열기도 했다. 그것이 비록 오일쇼크를 만나면서 중동국가들의 눈치(?) 때문인지 명맥이 끊겼지만 이렇게 이스라엘은 작지만 강한, 똑소리 나게 강하다는 점에서 우리에게 시사하는 바가 크다.

그런 이스라엘 군대는 세계에서 강군 중의 강군으로 통하는데, 인구 550만 명 중에 현역은 17만, 동원예비군까지 포함하면 약 60만 명 규모이다. 이런 인구에 협소한 영토를 지녔지만 그보다 수십 배, 수천 배 되는 아랍 전체와 싸워 이겨내는 군대임을 지난 역사가 증명했다. 세계 최대 민간 군사정보 컨설팅 업체인 영국의 제인스인포메이션그룹(JIG)은 이스라엘의 군사력을 세계 6위로 꼽았다.

많은 전문가들의 이런 이스라엘 강한 군사력의 배경으로 작지만 효율적이고 첨단기술과 정보력으로 무장한 군대를 꼽는다. 그리고 이스라엘의 막강한 군사력 뒤에는 세계 최고 기술을 자랑하는 방산업체들을 이유로 꼽는다.

가자전쟁에서 이스라엘의 영공을 철통같이 지켜낸 미사일 방어

망 '아이언 돔'은 이스라엘 국영 방산업체 라파엘이 만든 것으로 별명이 '철의 지붕'이다. 각종 무인공격 로봇도 이스라엘의 강점이다. 무인 공격 로봇 '가디움'은 열 감지 카메라와 자동화기 등 모두 300kg이 넘는 무장을 한 채 가자 지구 시가지를 누볐다. 이 로봇은 원격으로 조정한다. 무인항공기, 즉 드론의 경우 미국보다 훨씬 더 많이 수출한다.

이렇게 이스라엘 방산업체가 세계 일류를 구가하는 배경에는 탈피온이라는 군사 영재집단이 있다. 잘 알려져 있지 않지만, 이스라엘은 고등학교를 졸업하자마자 입대한다. 거기에 남녀 간 차이는 없다. 다만 여자의 경우, 결혼을 하면 입대가 면제될 뿐이다. 남자는 3년, 여자는 2년을 복무한다. 탈피온은 철저한 선발 집단이다. 고교 졸업생 가운데 한해 약 50명 정도를 뽑는데, 지원자가 만 명에 이른다. 때문에 이들을 선발하기 위하여 수차례의 시험을 진행하고 있는데, 전형적 시험이 아닌 독특한 문제를 제시하고 있는데, 예를 들면, '이 커피 잔에 들이있는 커피가 식는 데 걸리는 시간은?' 같은 창의적인 문제를 제시하고 풀어야 한다. 또한, 문제 해결 중간에 풀이 시간을 단축하거나 완전히 다른 문제를 풀도록 하는 등 이들의 창의력과 순발력을 동시에 테스트한다.

선발된 탈피오은 히브리대에서 40개월간 교육을 받으며 이때 장학금을 받게 된다. 학업 중에는 여름 12주를 이용해 기본 군사훈련을 하는데 정보국, 해군 및 공군 등의 부대방문을 통해 특수훈련과정을 이수하게 한다. 훈련과정 중에는 추운 네게브 사막의 탱크 안에서 한 달 동안 지내게 하는 것도 있다.

탈피오은 3년의 학사과정을 마친 후 6년의 가산복무를 하게 되며, 주로 2년의 실제부대 생활과 4년간 이스라엘군 및 방산업체에서 연구요원으로 복무하면서 어려운 문제를 해결하고 실력과 경력을 쌓게 된다. 이스라엘의 명품 무기들은 바로 이때 탄생한다.

탈피오 출신들은 전역 후 전공 분야의 업체에 취업하거나 벤처기업을 창업하기도 하는데, 탈피오은 현재 700명 정도에 불과하지만, 이스라엘 벤처업체 및 학계의 주축으로 활동하고 있다.

결국 이스라엘의 강한 군사력 배경엔 국가적인 차원에서 군의 인재육성 프로그램을 활용하는 셈이다. 굉장히 효과적이고도 창의적인 방법이 아닐 수 없다. 물론 우리나라 역시 2014년부터 '과학기술전문사관' 제도를 도입하여 20명의 영재를 선발하여 국방과학연구소(ADD)에서 3년간 복무하도록 하고 있기는 하다. 문제는 군 경력을 마치고도 이러한 과학기술 영재가 실제로 창업을 하거나 기업에 스카우트되도록 이들을 육성하고 배양하는 시스템을 형성하여야 한다는 것이다. 그 역할을 군에서 담당하고 있다는 점에서 이스라엘군은 확실히 한국군의 모범사례이다.

2015. 2. 11
김용남, 정병국(위원장) 익원이 이스라엘 신병교육부대를 시찰하고 있다.

 또 하나의 무기 '자율성'과 '소통'

 첨단무기만이 강군 이스라엘의 배경이라고 생각하면 오산이다. '군사 강국' 이스라엘은 우리나라처럼 징병제를 채택하면서도 군대 내 사고가 거의 없는 것으로 유명하다. 때문에 전문가들이 이스라엘의 병영문화 역시 선진 모범사례로 꼽기를 주저하지 않고 있다. 지난 2월 10일부터 닷새 동안 특위는 선진 병영문화를 구축한 이스라엘과 영국의 병영시설을 방문해 병사들을 만나고 그들의 실제 이야기를 들어보았다. 군인의 인권이 잘 보장받고 있는 것으로 평가받는 이스라엘과 영국의 군 관계자와의 면담을 통하여 징집단계, 복무단계, 전역단계 등 단계별로 우리 군의 인권 개선을 위한 방향 모색하기 위해서이다.

 가장 먼저 찾아간 골라니(Golani) 훈련대대. 약 1,500명 정도가 훈련을 받는데 이곳을 거치고 나면 각각 전방으로 배치되어 나간다. 무엇보다 우리는 그들의 시설을 보고 놀라지 않을 수 없었다. 벽장이나 구들은 고사하고 철제침대 사이 사이에 캐비닛 하나씩 설치해놓은 것이 그들의 막사였다. 마치 우리나라의 오래전 수용소를 보는 듯했다. 자신의 집에 비해 턱없이 열악한 숙소에서 묵는 것에 대해 훈련병들이 혹시 불만은 없는지, 아주 당연할 것 같아서 물었다. 한 번 더 경악할 대답이 돌아왔다. 이 정도면 좋은 편이라는 것이다. 안내를 맡은 니타이 오크시 소령에 따르면 관물대가 없는 훈련소도 많기 때문에 이 정도면 아주 좋은 편으로 훈련병들의 불만은 없다는 것이다.

식당의 구조도 특이했다. 우리처럼 기다란 1자 구조가 아니라 빙 둘러 앉는 원탁이거나 정방형 구조였는데 담당자의 대답이 자못 의미심장했다.

"원탁식 식탁에 앉아 먹으면 동료들과 소통이 이루어질 수 있기 때문에 원탁식 식탁은 매우 중요합니다."

원탁이나 정방형 식탁에 앉게 되면 당연히 앞에 있는 사람만이 아니라 주변에 있는 모든 사람이 시야에 들어올 수밖에 없다. 자기 식사에만 집중하거나 아니면 기껏해야 내 앞에 앉아있는 한 사람과 이야기 하는 것이 아니라 주변의 모든 동료와 소통하게 만드는 단순하지만 철학이 담긴 꽤 의미 있는 팁으로 보였다. 우리나라 일선 부대에서도 참고할 만한 내용이다.

훈련소 시설을 둘러보는 사이 우리는 훈련병들과 꽤 여러 차례 마주칠 수 있었다. 그런데 하나같이 경직됐다거나 긴장하는 모습이 아니었다. 방문단은 부대장이 동행하였음에도 훈련병들은 부대장에게 경례를 하지 않았고 오히려 악수를 청하곤 했다. 그 가운데 한 훈련병과는 인터뷰 예정이 없어 즉석에서 인터뷰를 요청하게 되었는데, 훈련소 부대장이 인터뷰를 해도 되는지를 훈련병에게 친절하게 묻는 것이 인상적이었다.

훈련병은 자신이 왜 싸우는지를 정확하게 알고 있었다. 그는 어려운 훈련을 받을 때마다 나라를 지키는 데 도움이 된다는 자부심을 느낀다고 말했다. 군에 입대하는 것에 대하여 의문을 품거나 부정적인 생각을 갖지는 않았는지 묻는 말에 "그런 생각을 한 적은 없다"며 "우리나라이고, 내가 지켜야 한다"고 분명하게 말했다. 집보다 훨씬 열악한 군 환경도 불편하지 않다고 말한다. 누군가는 해야 하는 일이라는 것이다.

이때 또 다른 훈련병이 다가왔다. 부대장과 함께 있는 우리에게 다가왔고 자연스럽게 인터뷰가 진행됐다. 2박 3일 걷는 훈련이 가장 힘들다는 그는 훈련병도 외박을 나갈 때 총기를 휴대하지만, 총기사고는 나지 않는다고 설명했다. 확실히 이스라엘 군인들은 휴가 때도 총기를 휴대한다. 하지만 이 훈련병의 말처럼 총기 관련 사고는 좀처럼 나지 않는다. 문제가 될 것 같은 병사는 총기를 휴대하지 못하도록 하는데 이런 병사를 걸러내는 시스템 자체가 촘촘하기 때문에 사고는 미연에 방지된다.

우리 식으로 보면 '빠졌다'고 말해야 딱 알맞은 이런 군인들이 총기를 가지고 나가는 데도 사고가 나지 않는다니! 놀라도 한참 놀랄 일이다. 그 질문의 대답은 부대장을 통해 들을 수 있었다.

이 훈련대대가 가장 중점적으로 심혈을 기울이는 프로그램은 다름 아닌 정신교육과 훈련병 관찰이었다. 모두 다 훈련 부적응자를 최소화하기 위한 것으로 처음 입소하고 3~4주 동안은 '과연 이스라엘을 지킬 사람은 누구인가?'라는 주제로 집중적인 동기부여 교육을 시킨다.

또한 이 기간에 실제 병영생활을 하는 사람과의 상담을 하고 미리 어떻게 생활하는지 교육을 하고 이를 통해 동기부여와 군인의식을 갖게 한다. 그런데도 군에 적응하지 못하는 경우 더 큰 규모의 부대에서 근무하게 하거나 귀가 조치 해서 군자원의 수준을 양질로 상향 평준화하는 것이다.

평가와 관련하여, 6개월의 훈련기간 후에 각각 한 사람 한 사람에 대하여 심사를 하기 위하여 위원회가 열리는데, 해당 병사의 장점과 단점에 대하여 평가를 하고 어디에 배치하는 것이 적합한지 평가를 하게 된다.

또, 교관들이 지속적으로 훈련병들을 관찰해 심리를 파악하려고 노력하고 있으면 훈련병이 원하면 상담을 하기도 한다. 교관들도 훈련을 진행하면서 정서적으로 불안한 훈련병에게는 심리상담을 받도록 하고 있었다.

부대장에 따르면 항상 훈련 시작 초기에는 부적응자가 많아서 보통 1,500명가량 되는 한 기수당 5 ~ 10명 정도가 적응에 어려움을 겪는다고 한다. 그 10명이 체력적으로 힘든 훈련을 받으면 부적응도와 불만이 상승하게 되지만, 상담을 받으면서 안정을 찾게 된다고 한다.

이들이 운영하고 있는 맞춤형 훈련도 부적응자를 최소화하는 데 도움을 주는 것으로 보인다. 처음 훈련병이 입소하면 3~4kg의 군장을 들고 훈련을 시키지만, 훈련소에서 나갈 때에는 70kg의 군장을 들 수 있도록 강도 높은 훈련을 하고 있었다.

이스라엘과 우리의 차이는 결국 하드웨어와 소프트웨어 개혁의 차이였다. 당장 병영문화 혁신위의 권고안에 따르면 병영생활관·병영생활 쉼터 등 시설개선에 예산을 집중적으로 투입하게 되는데 소요 예산 6,652억 원 중 57.9%에 해당하는 3,849억 원이 생활관 리모델링, 체육시설 설치 등 시설개선 예산이다.

그러나 우리나라와 같이 징병제를 채택한 이스라엘군은 우리나라보다 훨씬 열악한 시설 속에서도 높은 사기와 정신력을 유지하고 있었으며, 이를 바탕으로 어려운 훈련을 소화하고 있었다. 이들은 군에 입대하여 나라를 지키는 것에 대하여 굉장한 자부심을 느끼면서 군 복무자를 우대하는 사회 분위기 외에도 신병 훈련 초기에 "내가 아니면 누가 지키느냐"라는 내용의 정신교육을 집중적으로 실시하여 군 생활에 대한 동기를 부여받고 있었다.

특위위원 핫! 인터뷰 – 신의진 위원

신의진 의원은 국방위원회 소속이 아니지만, 이번 특위에 남다른 애정을 갖고 헌신적인 활동을 했다. 바로 윤일병과 임 병장 모두 그녀의 아들 또래이고 실제로 임 병장 집단구타 사건이 알려지기 불과 며칠 전에 제대하기도 했다. 정신의학과 전문의 출신인 신의원의 말을 들어 본다.

Q 정신의학과 전문의로서 군대 내 구타, 가혹행위 등 후진국형 사건, 사고가 끊이지 않는 원인이 무엇이라고 생각하나?

A 과거 군대에 들어간 사람을 100이라고 하면 정신의학적으로 '건강하다'고 할 만한 사람이 70%였다. 그리고 20% 정도가 환경이 좋으면 좋았다가 환경이 안 좋으면 스트레스를 많이 받아서 문제가 생기는 유형이었고 한 10% 정도는 항상 정신적인 문제가 있는 유형이다. 비율이 7:2:1 정도였다. 그런데 최근에는 그렇지 않다. '건강하다'는 사람은 어려움이 생겨도 이겨나갈 수 있는 회복 탄력성이 있는 사람을 '건강하다'고 하는데 지금은 4:4:2정도 될 것 같다. 가운데 40%를 '리스크' 그룹이라고 해서 환경이 좋으면 괜찮지만 나쁘면 적응이 어려운 이런 사람들이 확 늘어난 것이다. 군대만 그런 것이 아니라 교육부에서 정서 행동 검사를 해도 이런 학생들이 많다. 자살률 높은 것부터 시작해서 대한민국의 모든 지표가 환경에 따라서 건강해지고 말고 하는 리스크 그룹이 많아졌다는 걸 동의해야 한다. 이런 비율로 군대에 갔으니 군대 내에서 폐쇄적이고 집에도 못 가고, 약간의 따돌림만 있어도 많이 흔들리는 것이다. 이것을 명확하게 하지 않고 정신질환이 있는 사람을 무조건 뽑아내야 한다는 식으로 대응하는 것은 경솔한 것일 수 있다. 40%에 해당하는 사람은 아예 문제가 있는 사람과는 다르기 때문에 초기에 들어올 때 알기가 어렵다. 그런데 군대만 들어오면 쉽게 변해버리는 것이다.

Q 당장 몇 %를 걸러서 해결될 문제가 아니니 전체적으로 민감해져 있는 현대인들을 통제할 방법을 새롭게 찾아야 한다는 말로도 들린다.

A 통제라기보다 지금까지와 달리 교육과 보직 배정, 상담을 강화하는 것들이다. 쉽게 말하면 부모님들이 "우리 아이 걱정된다. 저렇게 나약해서 되나" 그런 이야기를 하는데, 그러면 군대에서 도와주면 되지 않은가. 이번에 영국과 이스라엘에 갔는데 영국은 모병제고 이스라엘은 징병제다. 영국은 고등학교 때 평균 B 이상의 성적이 안 되면 군대에서 잘 안 받는다. 소수를 뽑아 월급 많이 주고, 훈련도 잘 시켜서 1당 100을 할 수 있는 군대가 영국이다. 우리는 징병제인데 어떻게 그렇게 할 수 있겠나? 괜찮은 애만 뽑아서 쓰겠다는 것 자체가 우리의 모델이 안 되는 것이다. 그러면 우리와 같이 징병제를 하는 이스라엘의 모델을 봐야 하는데, 군대에서 처음 6개월 동안 시민 교육만 엄청나게 시킨다. 이스라엘의 가치와 이스라엘의 사회에서 통용되는 중요한 가치는 다 군대에서 가르치는 것이다. 깜짝 놀랐다. 지금처럼 폐쇄적이고 주먹구구식인 교육보다 아예 공동체 의식부터 시작해서 거듭나는 사람으로 다시 교육시키는 이스라엘 식으로 바꿔야 한다. 당장하기에는 멀기도 하지만, 그것이 정답인 것만은 사실이다.

2015. 4. 8
신의진 의원이 북카페 기증 행사가 끝난 뒤 장병들과 함께 카페 내부를 살펴보고 있다.

Chapter 3. 특위가 간다! | 197

 **이스라엘의 자살방지 프로그램**

 같은 날 오후 우리는 텔아비브에 있는 이스라엘군 총참모부로 향했다. 이스라엘군의 자살방지 프로그램을 알아보기 위해서다. 현역 18만 명 규모의 이스라엘 군대는 2011년 21명, 2012년 14명, 2013년 7명으로 자살 병사가 꾸준히 줄고 있다.[5]

 이렇게 드라마틱한 자살자 축소의 비밀은 무엇일까. 우리는 의구심을 갖고 이스라엘군 정신건강부서 담당자인 케렌 자이나트 대령을 만났다. 그는 심리상담을 전공한 재원으로 군에서는 18살 때부터 복무 중이라고 한다.

 가장 먼저 들었던 대답은 정신의학 전문가들이 군내에 다양하게 포진되어 있다는 점이었다. 이들은 육, 해, 공군까지 모든 군을 통틀어 관여하고 있는데 이스라엘군은 심리상담분야에서 많은 교육과 투자를 할수록 군 내 자살·폭력 등 사고가 줄어들 것으로 믿고 있다고 설명했다.

---

[5] 이스라엘, 入隊때까지 3번(高2·高3·병과 부여후) 人性·심리검사, 조선일보(2015.1.28.)

이스라엘군의 자살 방지프로그램이 가장 관심을 기울이는 것은 과연 누가 자살을 시도할 것인가에 있었다. 이들은 중·고등학교 시절 아이들이 자살을 많이 하기 때문에 이 나잇대 아이들 가운데 자살을 시도한 적이 있는 아이들에게 관심을 집중한다. 왜냐하면 대부분 장병이 고등학교 졸업 후 입대하는데, 고등학교 때까지 자유로움을 느끼다가 답답하게 느끼고, 구속되고 있다고 느끼기에 역시 다시 자살을 시도할 가능성이 크기 때문이다.

집중관리는 이런 아이들이 군에 입대하기 위해 징병검사를 받으면서부터 시작된다. 자살을 시도한 아이들의 주치의는 반드시 해당 아이가 징병검사를 받을 때 진료기록을 의무적으로 군에 제출해야 한다. 이렇게 해서 군은 훈련병 가운데 자살시도 예방군을 미리 추려낼 수 있게 되어 집중 관리할 수 있게 된다.

다음은 훈련소를 졸업시키면서 이들을 전투병으로 보낼지 아니면 일반병으로 보낼지 판단하는 단계에 들어선다. 물론 앞서 골라니 훈련소 사례에서 보았듯이 지속적이고 촘촘한 상담을 통해 이미 해당 병사에 대한 평가가 끝난 상태이다.

현재 정신적 문제가 없는 장병도 군에 적응하지 못할 수 있고, 성적이 낮거나 결손가정인 경우 등 환경을 봐서 문제가 될 수 있는 사람은 심층 인터뷰를 해서 별도관리한다.

만약 징병검사 시 식별을 해서 제대로 해서 보내면 500~1,000명 단위의 부대에 정신건강관리자를 두고, 이들이 계속 적응을 하는지 기록을 하면서 지켜본다. 비록 문제가 있을 것으로 예상을 했더라도 실제 문제가 없다면 계속 근무를 하도록 한다. 다만 군에서는 견딜 수 있는 최대한의 곳에 배치를 하는데, 군에서 복무할 수 있는 모든 사람은 다양한 곳에 적응할 수 있을 것이기 때문이다. 정신건강관리자는 이들이 적응할 수 있도록 도울 수 있는데 결국 이들을 고쳐서 사회에 기여할 수 있도록 하는 것이 된다.

군인들이 주말마다 무기를 들고 나오지만 총기사고가 나지 않는 비밀은 또 있었다. 이스라엘군은 주말에 군인이 외박을 나간다는 것은 술을 마신다는 것을 전제한다. 그래서 결국 정신적으로 문제소지가 있는 병사는 총기사고를 내기 쉽다는 결론을 견지하고 있다. 그래서 군이 무기를 들려줄 필요가 없는 사람에게는 무기를 주지 않는 방향으로 정책을 변경하였다고 한다. 그러니 이스라엘에서 무기를 들고 술을 마시는 군인을 본다면 그는 이스라엘 정신보호 부서가 인정하는 매우 건강한 사람이다.

케렌 대령은 자살을 막기 위해 가장 중요한 것은 지휘관의 역할이라고 강조한다. 그는 이스라엘의 자살 방지 프로그램은 지휘관과 병사의 소통을 중시하는데, 지휘자와 병을 모두에게 정신적 문제가 있는 사람을 어떻게 인식할지 등에 대하여 교육하고, 모든 훈련에 이러한 교육을 포함시키고 있다고 소개한다.

특히 지휘관들은 모든 종류의 훈련에서 자살관련 교육을 꼭 이수하게 하고, 부대의 정신건강관리자는 부대원들과 함께 일원으로서 함께 지내며 이들의 변화나 행동을 꼼꼼하게 챙긴다. 심지어는 이들과 싸우는 것도 자살시도자를 조기에 발견하기 위한 일환으로 이처럼 정신건강관리자를 지휘관과 병이 쉽게 만날 수 있게 하고 있었다.

이스라엘이 자살방지 프로그램을 가동한 것은 지난 2006년부터인데 이후 자살자는 급격히 줄어 이제는 한 자릿수 수준을 보이고 있다. 어느 정도 프로그램 성공에 자신감을 얻은 그들은 이제는 자살을 방지하는 것이 아니라 아예 자살 시도 자체를 방지하는 것으로 수준을 좀 더 강화하고 있다고 한다.

인터뷰 – 박수찬 공군대령 (이스라엘 무관)

박수찬 대령은 대한민국을 대표하는 무관으로서 이스라엘에서 파견 근무 중이다. 군인으로서 보고 들은 이스라엘 군대의 강점과 그것이 우리 군대에 시사하는 바를 들어 보았다.

Q 군인 신분으로 이스라엘 무관으로 있으면서 느낀 점이 남다를 것 같다. 이스라엘 군대의 강점은 무엇이라고 생각하나?

A 안보환경과 평등의식이다. 매 1,2년마다 한차례씩 전쟁과 함께 실제 전사자가 발생하고 이를 교훈삼아 다음 전쟁에 대비해야 하는 안보환경이 서로를 믿고 의지하게 만들며, 남녀 누구나 고등학교를 졸업하면 바로 군대를 가고, 그 중에서 뛰어난 인원이 지휘관으로 선발되므로 출신이나 학력, 나이의 차별이 없는 조직을 유지할 수 있으며, 특히 지상 전투부대의 경우에는 한 소대 단위 부대가 훈련병부터 예비군까지 이어짐에 따라 엄청난 팀워크를 발휘할 수 있다고 생각한다.

Q 이스라엘 군대의 시설은 열악하기 그지없었다. 하지만 정작 이스라엘 군인들은 그것을 중요하게 생각하지 않는 것 같다.

A 중요하게 생각하지 않는 것 같다.
A. 이스라엘 전투부대 지휘관과 의견을 나눌 기회가 있었는데, 실제 전투에서 승리하기 위해서는 좋은 무기, 강한 정신력, 충분한 훈련 등도 중요하지만 가장 중요한 것은 전투원들이 최악의 상황을 경험하고 견딜 수 있는 능력이라고 강조했다. 즉, 평소에 쾌적한 환경에 익숙하면 실제 전장에서 절대 싸울 수 없다는 이야기이다. 다만, 열악한 상황에 노출은 시키되 스트레스를 해소하고 자긍심을 고취하기 위해 2~3주 마다 1회씩 외박이나 외출을 허용하는 등 보상 시스템을 함께 운영하는 것에 방점을 찍고 있다고 말했다.

Q 이스라엘 시민들이 군인을 비하하는 장변을 목격하거나
들은 적이 있나?

A 직접 목격한 장면은 없다. 하지만 최근 들어 에티오피아 출신 유대인들에 대한 인종차별 문제가 대두되고 있으며, 지난 4월에는 경찰관들이 군복을 착용하고 있던 에티오피아 출신 흑인 병사를 아무런 이유없이 구타함에 따라 큰 사회적 문제로 발전한 적이 있다.

Q 이스라엘은 군인 존중 문화가 발달해 보인다. 그 근간은 무엇인가?

A 수시로 적으로부터 위협을 당하는 안보환경과 함께, 대다수 국민이 군 복무를 경험하고 이해하기 때문이라 생각한다. 남녀 모든 대상자를 체력과 능력에 맞도록 전투병부터 지원업무까지 군복무를 하며, 사회 지도층뿐 아니라 일반 기업체에서도 군 복무경력이 매우 중요하게 여겨지는 등 군은 곧 사회생활의 시작이며, 자신의 인생을 결정짓는 가장 중요한 소위 스펙가운데 하나라는 인식이 사회 저변에 깔려 있다.

 **영국에서 배우는 우리군의 미래**

이스라엘을 떠나 다음으로 향한 곳은 영국이었다. 영국은 모병제를 택하고 있어 징병제인 우리와 차이를 보이지만 오랜 역사와 전통에서 구축한 군 관리 능력은 타의 추종을 불허한다.

그런 영국에서 찾아간 곳은 햄프셔의 제4의무연대. 이번 특위가 열린계기가 된 윤일병 사건의 배경도 의무부대였던 것을 상기하면 아이러니마저 느껴진다. 영국군 제4의무연대를 찾은 가장 큰 이유는 무엇보다 다양한 인종과 종교로 구성된 부대 소속원들을 과연 어떻게 관리하고 있을까 하는 의문에서였다.

이 부대의 구성을 들여다보면 남성 군인이 235명이고, 여성 군인이 111명, 기독교도가 237명으로 대부분이고, 68명이 무교이며, 다른 종교를 믿는 사람도 많아서 불교, 힌두, 방글라데시, 이슬람 등 다양한 종교가 한 개 부대, 유니언 잭이라는 하나의 깃발 아래 모여 있었다.

영국군은 다양한 종교 및 인종의 사람들을 군인으로 포섭하기 위하여 다양성을 군의 중요한 가치 중 하나로 설정하고, 이들의 다름을 포용하기 위한 노력을 아끼지 않고 있었다. 예를 들면, 이슬람을 믿는 장병을 위하여 할랄 음식을 비상식량으로 준비할 정도였다.

이렇게 인종적, 종교적 구성이 다양하다 보니 이들은 일찌감치 다양한 병사들을 하나로 묶어내는 문제에 집중하기 시작했다. 그것은 공통의 가치를 공유하게 하는 것으로 영국 육군은 타인에 대한 존경, 통합, 헌신 등을 육군의 가치(Value)로 설정하여 장병 개개인이 군의 중요한 자산이라는 점을 인식하도록 만들고 있었다. 그러한 것들은 그저 단순한 집체 교육이 아니라 장병들이 직접 역할극에 참여해 스스로 체화하도록 만들고 있었다.

이런 영국의 노력이 우리에게 시사하는 것은 우리 군에도 곧 다문화 가정에서 자란 아이들이 적지 않은 수로 늘어날 것이기 때문이다. 여성가족부에 따르면 2014년 기준 다문화가족은 79만 명 수준이며, 그 수가 지속적으로 증가하여 2020년에는 100만 명에 달할 것으로 예상되고 있다. 그 결과 다문화가족 출신 자녀의 수도 지속적으로 증가하여 2014년 현재 20만 명의 다문화가족 출신 자녀가 있는 것으로 파악된다. 따라서 지속적으로 징집 인원이 줄어들고 있는 우리나라의 현실 속에서 다문화가족 출신자는 중요한 징집 자원이 될 것으로 예상된다.

그러나 2011년 국가인권위원회의 설문조사 결과 다문화가족 출신 자녀의 37%가 이상한 발음, 피부색 등을 이유로 학교에서 왕따를 당하는 등 아직 우리 사회는 다문화가족 출신자를 잘 포용하지 못하고 있으며, 이러한 문제는 그대로 군에서 발생할 가능성이 매우 크다. 따라서 영국군이 다양성을 중요한 가치로 설정하고, 다름을 인정하고 포용하기 위하여 노력하는 것과 같이 우리 군도 다름을 포용하기 위한 노력을 시작하여야 한다.

영국군은 또한, 부대 공통의 목표와 인식을 전 장병이 공유하고 내재화하기 위하여 이에 대한 교육을 기초교육과 보수교육을 통해 주기적으로 실시하고 있었다. 이쯤에서 또다시 우리의 윤 일병이 생각났다.

2014년 3월 전입한 이후로 4월 사망할 때까지 28사단 윤 일병에게 끊임없이 폭행과 반인륜적 가혹행위가 가해졌다는 것은 타인에 대한 존중과 개개인의 가치를 인정하는 문화가 아직 우리 장병들에게 내재화되지 못하였기 때문이다. 따라서 장병 개개인의 중요성에 대한 인식을 전 장병이 공유할 수 있도록 교육을 지속적으로 실시하여 이러한 인식이 내재화되고 하나의 문화로 정착될 수 있도록 노력을 경주할 필요가 있다.

특히, 문화를 바꾸기 위해서는 수백 명을 한 공간에 모아놓고 일방적으로 강요하는 집체식 주입교육으로는 한계가 있으므로, 영국과 같이 역할극을 한 후 토론을 실시하는 등의 쌍방향 교육을 통하여 장병들의 생각이 전환될 수 있도록 다양하고 전문적인 교육기법 활용 역시 절실하다 할 것이다.

2015. 2. 14
신의진, 정병국(위원장), 김용남 의원이 영국 제4의무연대를 방문해 관계자들에게 설명을 듣고 있다.

3
책읽는 군대가 강하다

 왜 군대에서 책읽기인가?

민관군 혁신위가 제안한 사업 중에 거의 이견 없이 특위 의결 사안으로 통과된 사업 가운데 하나가 독서코칭 확대 사업이다. 독서코칭이란 병영에 도서관이나 독서 카페를 만들거나 독서 지도사를 파견하는 사업을 말하는 것으로 결국 병사들이 좀 더 많이 책을 읽도록 하는 사업이다.

윤일병 사건, 그리고 임병장 사건 등등 연일 정도를 더하는 충격적인 사건에도 불구 우리는 왜 독서를 통해 군대를 바꾸려는 것일까? 그리고 그렇게 바꿔야한다는 데 왜 다들 이견이 없는 것일까? 그것은 아무래도 독서가 가진 마력, 즉 사람을 생각하게 만든다는 것일 것이다.

생각하는 사람은 뭐 하나 허투루 행동하지 않는다. 윤일병을 가해했던 병사들에게 생각하는 힘이 있었다면 과연 그런 끔찍한 일을 저질렀을까? 아마도 불가능했을 것이다. 그래서 생각하는 힘은 결국 우리 병사들의 안전과 생명에 직결되는 힘이다. 따라서 우리 특위는 무엇보다 장병들에게 독서의 기회를 넓히는 것에 많은 관심을 쏟았고 일정 정도 성과도 있었다.

사실 군대는 젊은이들에게 있어 잠시 지나쳤다가는 곳이 아니다. 고등학교를 졸업하고 대학 1, 2학년으로 있다가 들어온 이 젊은이들이 본격적으로 사회에 진출하기 전에 2년이란 시간을 보내는 곳이란 점에서 사실 군대는 이제 사회 진출을 위한 인생의 훈련소나 다름없다. 평생 교육의 장이란 측면에서 병사 개인을 위해서도 독서는 참으로 필요한 인생의 훈련이다.

사회적으로나 국가적으로도 장병들의 독서는 반드시 필요하다.

한해 전역과 입대를 통해 바뀌는 군인의 수가 연간 30만 명이라고 한다. 그들이 군복무기간 동안 자신을 얼마나 잘 관리하고 개발하는가 여부는 개인의 문제가 아니라 국가경제성장에도 매우 중요한 변수이다. 이제 본격적인 생산성을 발휘할 나이로 들어서는 이들의 교양과 사색, 판단의 정도가 다른 나라, 같은 또래 보다 떨어진다고 한다면, 그것은 곧바로 대한민국의 패배가 될 것이다.

군생활 2년 동안 독서 훈련과 선진병영문화의 체득은 미래의 주인공인 젊은이들이 사회에 나와서도 책과 문화를 손에서 놓지 않게 만들어줄 지적 도덕적 재무장 운동의 일환이 될것이다. 책과 문화가 있는 병영이라면 군대에서 보내는 2년은 그저 허비되는 청춘이 아니라 삶을 풍요롭게 하고 국가의 발전을 뒷받침하는 양분이 될 수도 있다.[1]

---

[1] 군대(軍隊)를 군대(軍大)로, 2012 국회 토론회 자료집, 정병국 인사말

전군~ 받들어~ 책!!

우리 군에 본격적인 독서 코칭 프로그램이 시작된 것은 사실 얼마 되지 않았다. 지난 2011년 정병국 의원이 문화체육부를 통해 시범사업으로 50개 부대에 도서를 보급한 것이 시초이다. 그 전으로 올라가면 역시 정의원이 초선시절부터 사랑의책나누기운동본부와 함께 병영에 도서관 만들어주기 운동을 전개했고, 2003년 부터는 의무적으로 병영에 도서관을 설립해야한다는 법적 근거를 만들었고, 그 덕에 전국에 1,600 여개의 도서관이 만들어졌다.

하지만 도서관만 지었을 뿐, 거기에는 책이 없었다. 국방부부터 책구입에는 인색했기 때문이다. 실제로 2012년 국회에서 병영 독서 장려 토론회가 열렸는데 당시의 자료집을 보면 2012년 국방예산은 전년도에 비해 1조원이나 늘어 29조에 달했지만 병사들에게 보급하는 책을 일컫는 진중문고 구입비는 겨우 29억 원에 불과했다. 이것은 한해 5천만 원을 벌어들이는 가정이 1년 동안 책을 사는 데는 달랑 5천 원 썼다는 말로, 한권이나 살까 말까한 정도이다.

2015년 현재에도 병영에 책을 보내고 독서 교육을 시키는 독서

2015. 6. 23
김용남, 이채익, 정병국(위원장), 신의진, 윤명희 의원이 해병대 독서카페1호점 기증식에 참석하기 위해 해병2사단 교동부대를 방문했다.

코칭 예산은 국방부 예산이 아니라 문화체육부 예산을 쓰고 있는 실정이다. 우리 병사들에게 총과 칼을 사주고 밥과 옷은 사주면서 정작 마음의 양식이요, 미래의 무기인 책을 사주지 않는 국방부의 태도는 무언가 잘못 되어도 크게 잘못 된 것이다. 그나마 올해는 예산이 세 배로 늘어서 지원 부대도 50개에서 150개로 늘어난 것이 큰 위안이라면 위안이다.

장병들의 독서를 가로막는 것은 비단 예산만이 아니다. 병영 가운데 도서관이 있는 곳은 비교적 규모가 큰 부대에 한한 것으로 작은 대대 단위나 소대 단위 또, 파견 분견대 같은 곳에서 근무하는 장병들은 언감생심 도서관의 도자도 못보고 제대하기 십상이다. 그렇다고 우리나라 군대가 사단까지 도서관 가라고 외출을 허용하는 그런 자유스러운 군대도 아니지 않은가! 어쩔 수없이 부대 규모가 작다보니 불이익을 받는 셈이다. 해체 예정인 부대에서 근무하는 병사들 역시 마찬가지이다. 이들은 도서관뿐만이 아니라 각종 편의시설에서도 소외를 받고 있다.

그래서 더욱 더 특위의 할 일이 많아질 전망이다. 특위가 병영문화 혁신을 위해 지난 활동을 통해 정한 수십 개 과제 가운데 하나가 하나가 바로 독서 코칭프로그램 운영을 확대하는 것이다. 여기에는 병영도서관을 확충하고 진중문고 등 도서 보급을 확대하는 것인데 문체부와 국방부가 장병 책읽히기에 흥미를 잃지 않도록 끊임없이 조정하고 독려해야하는 의무가 남아 있다.

이렇게 되면 자연스럽게 장병들의 여가선용에도 좋고 그들의 지식욕구 또한 충족시킬 수 있다. 자율적인 독서 문화가 자리잡게 되면 어느새 우리 병사들 사이에 인간을 존중하고 배려하는 문화가 퍼져나갈 것이다.

독서 동아리 활동을 지원하는 것도 방법이지만, 장병들에게 무조건 독후감을 써서 내도록 하는 것은 또 하나의 부담과 스트레스를 주는 것이므로 되도록 면밀한 고민 후에 실시해야 할 것이다.

장병의 안전이라는 면에서 책을 읽는 문화는 사실 초, 중, 고등학교 시절의 학교교육에서 좀 더 강조되어야 할 필요가 있다. 책이란 것이 어느 날 갑자기 읽히는 것이 아니므로 초등학교에서부터 국가적 차원의 자연스러운 독서 교육이 활발히 이루어진다면 역시 병영에서도 쉽게 책에 눈길을 주는 병사가 될 것이기 때문이다.

2012년 12월 대학생 미디어 포탈 캠퍼스라이프가 대학생평가단 435명을 대상으로 "한달에 평균 몇 권의 책을 읽습니까?"라고 조사한 결과 절반 이상인 53%가 "1권 이하"라고 답했다. 책을 아예 안 읽는 대학생이 부지기수라는 의미이다. 몇 해전 조사인 것을 감안하면 이 수치는 훨씬 늘어나 있을 것이다. 그리고 질문이 전공서나 수험서를 제외하지 않은 만큼 상당 부분은 그러한 책일 가능성도 높다.

때문에 병영에서의 책읽기는 수험이나 전공서 외의 서적을 직접 읽어볼 기회가 사실상 적었던 우리 장병들에게 다른 종류의 책을 걱정(?)없이 마음 껏 접할 수 있게 해주는 기회이기도 하다. 이렇게 보면 군대는 시험이 아닌 말 그대로 교양을 위한 책읽기의 시간이 될 수 있는 것이다.

요새 들어 장병들에게 책읽기 훈련이 필요한 것은 핸드폰 열풍에 따른 독서 기피 풍조 때문에라도 더욱 더 필요하다. 지하철을 한 번 타보면, 그 이유를 단방에 깨달을 수 있다. 여느 지하철이고 열차의 맨 첫 칸부터 마지막까지 스마트폰을 켜고 게임하는 사람 백명찾기보다 책읽는 사람 1명 찾는 것이 훨씬더 힘들고 어려운 일이 되어버렸지 않은가. 국민의 책읽는 습관에 다시 불을 지피기 위해서라도 예비 사회인인 장병들에 대한 책읽기 권장은 힘써 경주할 일이다.

2014. 12. 22
정병국, 신의진, 남인순 의원이 서울지방병무청을 방문해 복무중인 병사들과 이야기를 나누고 있다.

특위가 선물한 1호 카페

봄꽃이 흐드러지게 편 지난 4월 8일. 특위는 강원도의 한 전방부대로 보낼 컨테이너 박스 하나를 선보였다. 이 컨테이너 박스는 다름 아닌 장병들이 안에서 책을 읽을 수 있도록 특별히 제작한 독서 카페로 병사들은 안에서 편안하게 책도 보고 쉴 수도 있다.

컨테이너형 병영 독서카페는 한국공간디자인학회(나혜영 명지전문대학교 교수)의 재능기부로 디자인 되었는데, 냉·난방 시설을 비롯하여 음향 등 편의시설을 완비한 전국 1호 카페로 앞으로 똑같은 모양의 카페 304개가 전국 장병들을 찾아가게 된다. 독서 카페에 컨테이너를 도입한 것은 직접 도서관에 갈 수 없는 우리 장병들의 처지를 고민한 결과이다. 대규모 상급부대가 아닌 소규모 부대들은 도저히 도서관을 지을 수가 없고 그에 따라 책은 표지 구경도 못하고 제대할 형편인 곳이 부지기수이기 때문이다.

독서카페 1호 기증행사장에서 정병국 특위 위원장은 "군의 문제는 군대만의 문제가 아닌 전 사회적인 문제"라며 "병영 독서운동은 장병들로 하여금 자기계발의 지성과 자기성찰의 인성을 갖추게 하여 성공적인 군 생활은 물론, 사회 문제 해결과 국가 발전에도 이바지 하게 한다"라고 말했다. 군인은 곧 시민이고 이들의 경쟁력이 국가의 경쟁력이라는 점에 군인들이 왜 책을 읽어야하는지를 단적으로 설명해주었다. 컨테이너 카페는 일단 사회 각계 인사와 기업으로부터의 후원으로 출발했다. 1호는 특위가, 2호는 정의화 국회의장이 그리고 3호는 남경필 경기도지사가 후원한다. 7월 현재까지 50여개 카페 후원이 줄을 이었다.

특위는 이에 앞선 1월 7일에는 육군1군사령부에 도서 약 2,800권을 기증하기도 했다. 기증식 뒤에 치른 병사들과의 간담회는 의외의 아이디어를 얻는 수확이 있었다. 한 병사는 부대에서 병사가 뛴 거리만큼 마일리지를 주는 것에 착안해서 이른바 '독서 마일리지'를 제안했다. 책을 많이 읽은 정도에 따라 외출이나 외박 같은 혜택을 주자는 것이다. 만약 실무적으로 잘 다듬는다면 우리 병사들에게 독서를 장려하는 좋은 당근이 될 것으로 보인다.

전자책에 대한 요구도 있었다. 한 병사는 인트라넷으로 전자책을 보고 있는데 대부분 군사학관련 부분이어서 아쉬움이 많다는 토로를 남겼다. 전자책의 형태로 진중문고를 보낸다면 전방이나 격오지

소초라도 사무실 하나만 있으면 책을 볼 수 있으니 적극 검토해볼 만한 내용이다.

수준에 따른 책 구비도 절실했다. 갑자기 어려운 책을 읽으려면 쉽지 않다는 것. 때문에 만화로 쉽게 쓴 서적을 적극 준비할 필요에도 의원들은 동감을 표시했다. 독서의 효과는 누구보다 장병들이 더 잘 알고 있었다. 한 병사는 "장병들의 인생 고민을 풀어 줄, 해답 제시하는 책도 필요하다"며 "책을 통한 훈련, 인성 검사도 하고, 이를 통해 우울증, 자살 같은 것도 막는 효과도 기대 할 수 있다"고 말했다.

2015. 1. 7
정병국, 김용남 의원이 육군 제1군사령부에 2,800권 도서 기증식을 하며 기념촬영을 하고 있다.

한편 비교적 격의 없고 자유로웠던 이날 병사들은 병영문화혁신 특위 활동에 대한 강한 관심과 함께 불만도 나타냈다. 한 병사는 "병영문화 개선 운동에 부정적인데 오늘처럼 현장의 이야기를 많이 들어 달라"고 했다. 탁상에서 쥐어짜낸 대책들에 대한 불만이었다. 오랜만에 장병들과 많은 대화를 나눈 이날, 특위위원들은 산타클로스가 된 기분으로 여의도에 돌아왔다.

특위위원 핫! 인터뷰 – 황영철 위원

황영철 의원은 여당 간사이자 옴부즈맨 제도 도입 소위 위원장으로 특위에 참가하고 있다. 특위에 참가하게 됐을 때 아들을 군에 보낸 아버지로서 남다른 사명감을 느꼈다는 황영철 의원을 만나보자.

Q 얼마 전 병영 독서카페 1호 기증식이 있었는데, 독서로 군을 바꿀 수 있을까?

A 군이 병영에서 책을 읽을 수 있는 장을 마련해 준다면 우리 병사들은 군에서 인생의 의미 있는 전환점을 맞을 수 있다고 생각한다. 병사들이 독서를 통해 다양한 지식과 삶을 살아가는 지혜를 얻게 된다면 군 생활을 자기계발의 소중한 기회로 생각하게 될 것이다.

군복무가 제대만 기다리는 지루한 시간이 아니라 무엇인가 얻어갈 수 있는 소중한 시간이 된다면 병사들은 즐겁게 군복무를 할 수 있게 되고 많은 병영 문제들이 해결될 것이다. 특히 병사들이 서로에게 책을 권하고 읽은 책에 대해 자연스럽게 토론할 수 있는 문화를 정착한다면 부대원들이 좀 더 서로를 이해하게 되고 강한 친밀감과 유대감을 갖게 되어 병사 간 발생할 수 있는 문제도 줄어들 것이다. 군 복무기간은 자신의 인생에 대해 가장 많은 생각을 할 수 있는 시간이자 육체적 한계에 도전하는 훈련으로 미처 몰랐던 자신의 능력을 발견하는 때이기도 하다. 육체적인 훈련을 하듯 독서를 통해 정신적 훈련도 함께 할 수 있게 한다면 군 생활을 훨씬 의미 있게 보낼 수 있을 것이다.

Q 병사들을 이끌어야 할 간부들부터 바로잡아야 한다는 의견이 있다.

A 흔히 '훌륭한 지휘관 밑에 약한 병사가 없다'고 말한다. 이는 지휘관이 병사에게 미치는 영향력을 표현한 말이자 좋은 지휘관이 필요한 이유를 설명하는 말이다. 교육이 필요한 것은 초급 지휘관뿐만 아니라, 장성도 마찬가지이다. 병영 내 문제를 해결하겠다는 적극적인 의지와 신념을 가지고 장성부터 초급 간부에 이르기까지 지휘관들이 먼저 참여하고자 하는 열의를 가져야 할 때이다.

Q 구타, 가혹행위 당해도 신고할 수 없는 현실,
개선안은 무엇일까?

A 군내부에서 병사들의 문제를 파악하기 어렵다면 외부의 도움을 받는 것도 바람직할 것이다. 소대장들이 군에 자식을 보낸 부모들과 SNS를 통해 연락하는 것을 두고 부모의 치맛바람이 군대까지 미치는 것 아니냐는 우려도 있지만 병사가 직접 말할 수 없는 군 생활의 어려움을 파악하기 위해서 가족이 병사들과 소통하는 것도 좋은 방안이 될 수 있다.

Q 군사법권 폐지와 군사 옴부즈만 도입에 대한 목소리가 높다.
하지만 군에서는 보안을 유지로 부정적인 의견을 보이고 있는데,
해결책은 무엇일까?

A 옴부즈만 제도 도입을 위한 논의 과정에서 국방부가 옴부즈만을 국방부 내에 설치해야 한다고 공식적으로 의견을 개진한 것은 안타까운 일이다. 군이 먼저 변화한 상황을 인식하고 이를 전향적으로 받아들여야 한다. 보안의 문제는 제도를 도입하는 과정에서 우리나라 안보 현실을 감안하여 충분히 논의하고 타협점을 찾을 수 있는 문제이다. 보안을 이유로 옴부즈만 제도 도입 자체를 반대해서는 군 인권개선이나 병영혁신은 이뤄질 수 없다.

2014. 11. 17
군 인권개선 및 병영문화혁신 특별위원회 제3차 전체회의에서 황영철 의원이 예전부터 나왔던 혁신안들이 지금도 똑같이 언급되고 있다는 점을 지적하고 있다.

 **노블리스 오블리제, 독서 카페 기증**

행복은 성적순이 아니라는 말이 있다. 행복이 결코 성적으로 얻을 수 있는 학벌, 그리고 그 학벌로 귀결되기 쉬운 좋은 직장으로만 얻는 것이 아니냐는 항변이다. 그래 맞는 말이다. 확실히 우리는 돈 없이 행복할 수 있고, 성적 없이 보람을 느낄 수 있다. 하지만, 정부가 해야 할 일인 복지는 그렇지 않다. 복지는 확실히 예산 순이다. 물론 조정을 통하여 어느 것을 좀 더 하고 덜 할 수는 있겠지만 기본적으로 복지란 돈이다. 때문에 국가의 예산이 넉넉하지 못하면 그 나라 사람들의 복지 수준도 부실할 수밖에 없다.

그러나 여기에도 예외는 있다. 복지를 굳이 나랏돈이 아니라 모두가 십시일반 나눈 성금이나 모금, 또는 기부가 일정 부분 담당할 경우이다. 즉 민간 부분에서 국가가 할 일을 일정 부분 나눠서 맡는다면 적은 예산을 보조하는 수준에서나마 어느 정도 복지를 지탱할 수 있을 것이다.

때문에 많은 선진국에서는 슈퍼리치들의 기부를 중요하게 생각하며, 그들 또한 하나의 의무로 여긴다. 노블레스 오블리주가 바로 그런 것 아니겠는가. 물론 국가가 할 일을 민간에게 떠넘긴다는 식의 비난은 받을 수도 있다. 하지만 고도화된 사회일수록 기존에 사용하던 예산의 규모와 용도는 정해져버리는 경향이 강하다. 그리고 새로운 예산을 만드는 절차 또한 점차 까다롭고 어려워지는 경향 또한 있다. 그래서 긴급하면서도 반드시 필요한 예산 마련이 오히려 선진국일수록 그리고 법과 정치, 사회 제도가 고도화된 사회일수록 역설적으로 어려운 때가 있다. 때문에 비교적 신속하게 재원을 조달할 수 있는 민간의 참여가 선진국 역시 중요하게 된다. 컨테이너 독서 카페도 마찬가지이다. 당장 국방예산을 마련할 수 없다면 민간에서 기부의 형태로라도 그 재원을 조달해야 한다.

"그런 일이라면 당연히 해야지요."

특위가 컨테이너 독서 카페 1호를 기증하는 날, 정의화 국회의장이 만면의 미소를 띄우며 한 말이다. 2호 독서 카페 기증자로 자신의 이름을 올리겠다는 말이다. 일단 특위가 시작한 첫 번째 돌 던지기에 응답한 첫 번째 파문이었다. 다음은 남경필 경기도지사. 정병국 특위위원장이 취지를 설명하자 그 역시 흔쾌히 동참을 허락했다. 손인춘 의원도 손을 들어주었다.

그러나 이렇게 정치인들 몇 몇 만으로 해서는 안 된다. 더 많은 독지가와 기업들이 우리 장병들에게 책 읽는 공간을 만들어주는데 동참한다면 이것은 의원 몇 명만의 작은 선행만으로 그치지는 않을 것이다. 이런 때 민간 기업 가운데 응답을 준 곳이 바로 국민은행과 굽네치킨이다.

어떤 면에서 기업의 기부는 더 환영할 만한 일이다. 기부 컨테이너가 몇 개 수준에 그치지 않고 수백 개, 수천 개가 되어서 격오지에 근무하는 우리 장병들 모두에게 독서 카페를 만들어주기 위해서는 기업들의 참여가 필수이기 때문이다. 또한 군인 장병들은 이들의 고객이자 또 미래의 직원이지 않은가! 그런 사람들이 책을 읽고 생각하는 힘을 길러서 온다면 이들은 분명 좋은 고객이자, 훌륭한 직원이 될 것이다.

기업 단위 외에도 개인 사업자들의 기부 역시 줄을 잇고 있다. 이들은 앞서 큰 기업들처럼 홍보 효과도 그다지 없는 일반 국민들은 잘 알지 못하는 곳들이 많다. 그래서 굳이 독서 카페를 기증했다고 해도 그것이 개인의 어떤 명예로 널리 알려질 가능성은 적은 분들이다. 그런데도 이들은 한결같이 나라를 지켜주는 우리 군인 장병들에게 쾌적한 독서 공간을 기증한다는 것에 자부심을 느끼고 있었다. 그리고 마땅히 할 일로 받아들였다. 결국 독서 카페 기증은 분단현실이 낳은 우리만의 독특한 새로운 형태의 한국형 노블레스 오블리주인 것이다.

현재 독서 카페 기증 릴레이는 약 50번째를 넘어가고 있다. 독서 카페는 앞으로 더욱 더 필요하다. 계획은 올해 연말까지 약 304개인데 어디 이 정도가 전부이랴! 신장된 국력과 함께 우리 장병들은 이제 세계 곳곳을 누비고 있다. 그곳에서 국가의 명령에 따라 국가를 위한 신성한 의무를 수행하고 있다. 그런 장병들에게도 빠짐없이 쾌적한 독서 공간을 제공해야 한다.

먼 훗날 언제쯤엔 부자가 두 가지 종류로 나뉠지 모른다. 군부대에 독서 카페를 기증한 부자와 그렇지 않은 부자로 말이다. 이 글을 읽고 계신 독자 여러분 가운데에서도 우리 장병들에게 독서할 공간을 마련해주는 뜻 깊은 일에 동참하고 싶은 분이 계시거든 기꺼이 나서주시라고 당부한다.

BOOK & CAMPAIGN

병영매거진 HIM이 본 병영 독서카페 기증 릴레이 (1)

>> 국회 병영문화혁신특위 제1호 독서카페 전시 및 기증
>> 독서카페 350개로 GOP소초 잇는다!

지난 4월 8일 국회의사당 본관 앞, 산뜻하게 꾸며진 컨테이너 하나가 지나가는 사람들의 이목을 사로잡았다. 국회 군 인권개선 및 병영문화혁신 특별위원회(위원장 정병국 의원)가 사랑의책나누기 운동본부, 한국공간디자인학회 후원으로 만든 제1호 '병영 독서카페'로 제작 전시 및 기증행사 후 강원도 철원으로 보내졌다. 릴레이 기증 운동을 통해 최전방 GOP 등 격오지에 올해 350개 병영 독서카페가 투입된다.

국회의사당 본관 앞에 병영독서카페1호가 전시되어 있다.

국회 앞마당 전시 후 3사단 GOP소초 기증

여의도 윤중로 벚꽃축제를 하루 앞둔 지난 4월 8일, 완연한 봄날의 정취가 가득했던 국회는 다양한 행사로 그 어느 때보다도 북적

거렸다. 그런데 그 중 가장 이목을 집중시킨 것은 본관 앞 잔디밭에 설치된 작은 컨테이너 부스였다.

오전 내내 계속된 가로 6미터 세로 3미터의 컨테이너 내외부 인테리어가 마무리되고 드디어 오후 1시 30분 제1호 병영 독서카페가 공개됐다. 행사장은 근래 병영에 대한 뜨거운 관심을 반영하듯 정의화 국회의장과 한민구 국방부 장관, 정병국 군 인권개선 및 병영문화혁신 특별위원회(이하 병영문화혁신특위) 위원장과 병영문화혁신특위 위원, 국방위원회 의원 그리고 취재진들로 북새통을 이뤘다.

한민구 국방부장관이 참석한 가운데 병영문화혁신특위 정병국 위원장과 특위 및 국방위원회 국회의원, 사랑의책나누기운동본부 민승현 본부장이 육군 3사단 18연대 1대대 15소초에 제1호 병영 독서카페를 기증하고 있다.

이날 제작 전시된 제1호 병영 독서카페는 병영문화혁신특위 소속 국회의원 18명이 십시일반 성금을 모아 제작한 것이다. 병영매거진 HIM을 발행하는 사랑의책나누기운동본부가 신간 600여권을 지원했으며, 한국공간디자인학회에서 재능기부로 디자인을 맡았다.

행사 후 병영 독서카페는 그대로 강원도 철원의 최전방 GOP인 3사단 18연대 1대대 15소초에 통째로 기부됐다. 컨테이너의 특장이 고스란히 반영된 대목이다. 그대로 들어서 트럭에 싣고는 국회 앞마당에서 강원도 철원으로 순식간에 공간이동을 한 것.

산뜻한 인테리어에 최고의 통유리 전망

국회 본관을 배경으로 설치된 병영 독서카페는 산뜻한 외관을 하고 있었다. 전면과 한쪽 측면은 통유리로 이루어져 커피향이 넘실기릴 것 같은 카페 분위기가 물씬했다. 실제로 병영 독서카페 제작을 마무리하던 당시 나가던 행인들이 "이곳에 카페가 오픈하냐?"고 묻기도 했다.

병영 독서카페 내부로 들어갔다. 가로 6미터 세로 3미터의 내부는 탁 트인 전망으로 인해 생각보다 훨씬 넓어보였다. 실내에는 에어콘 등 냉난방기와 정수기를 완비하고 있으며, 장서 600권~1000권을 채울 수 있는 서가 및 탁자, 의자, 군화 신발장이 마련되어 있

병영 독서카페 내부. 세련된 인테리어와 함께 시원한 전망을 자랑한다.

다. 현재 병영 독서카페 하나당 제작 비용이 1천2백만원~1천3백만원 정도인데, 이를 1천만원까지 낮추겠다는 게 병영문화혁신특위의 계획.

문화 혜택이 전무한 삭막한 환경의 GOP 근무를 마친 장병들에게 이 병영 독서카페는 오아시스와 같은 독서와 휴식의 공간이 될 것이다.

실제로 책 읽는 병영만들기 운동을 펼치고 있는 제1야전군사령부는 지난 1월부터 예하 GOP부대에 '컨테이너형 북카페(육군에서는 공식명칭을 '병영 독서카페'로 통일하기로 함)를 운영하며 병영환경

병영독서카페에서 장병들이 책을 읽고 있다.

개선에 큰 효과를 거두고 있다. 뜻 있는 기업이나 단체 후원을 통해 현재까지 20여곳의 독서카페가 설치됐는데, 장병들의 여가선용과 정서함양은 물론, 전역 후 건전한 민주시민으로 돌아가는데 큰 도움을 주고 있는 것.

릴레이 기증운동 시작과 함께 50개 확보

지난해 불거진 병영에서의 각종 사건 사고는 군 내부만의 문제가 아니라 사회 전체가 나서야할 문제란 인식 아래 그동안 여러차례의 현장방문과 실태조사, 간담회, 토론회를 가져온 병영문화혁신특위가 병영 독서카페에 주목하게 된 것은 인문학 독서가 병영문화를 개선하는데 큰 역할을 한다고 판단했기 때문.

현재 대대급 병영도서관은 그 근거 및 기반이 어느 정도 마련되어 있으나 GOP소초 등 격오지부대 장병들에게는 병영도서관 혜택이 요원하다는 점에서 컨테이너를 이용해 제작과 설치가 간편한 병영 독서카페는 최적의 대안이라고 할 수 있는 것.

이에 제1호 병영 독서카페 제작 및 기증 행사를 주도한 정병국 의원은 제2호 병영 독서카페는 정의화 국회의장이 뒤잇기로 했다고 밝히며 제3호 병영 독서카페는 김무성 한나라당 대표가 기증하기로 했다고 전한다. 이어 남경필 경기도지사도 도내 GOP를 중심으로 20여개의 병영 독서카페 지원을 약속했다고.

"전체 350개의 병영 독서카페가 필요한데 현재 이미 출발 단계에서 50개의 독서카페를 확보했습니다. 독서카페를 하나씩 전달하는 게 어떤 위문품보다도 의미가 있을 것입니다. 앞으로 '병영 독서카페 릴레이 나눔 운동'을 통해 올해중 모든 GOP 및 도서지역 소초에 병엉독서 카페 보급을 마무리할 계획입니다."

아울러 정병국 의원은 국회 인성교육실천포럼과 양해각서(MOU)를 맺고 있는 경제 5단체에도 적극적으로 홍보해 최전방에서 근무하는 장병들의 사기진작과 자기계발을 돕도록 최선의 노력을 경주하겠다고 밝혔다.

문화 혜택이 취약한 최전방 격오지부대에 희망의 등불이 될 병영 독서카페의 조속한 확산을 기대한다.

병영 독서카페를 둘러보며 병사들을 격려하는 정의화 국회의장.
제2호 병영 독서카페 기증 릴레이의 주인공이다.

BOOK & CAMPAIGN

병영매거진 HIM이 본 병영 독서카페 기증 릴레이 (2)

>> 정의화 국회의장 기증 제2호 병영독서카페의 향방은?
>> BINGO! 강원도 철원 6사단 GOP 6소초

　GOP 155마일 350개의 소초를 컨테이너형 병영독서카페로 잇자는 릴레이 나눔운동이 두 번째 결실을 낳았다. 국회 군인권개선 및 병영문화혁신 특별위원회 소속 국회의원 18명이 기증한 제1호에 이어 제2호 병영독서카페 기증자는 정의화 국회의장이다.

"이제 손전등 켜고 책볼 일 없을 것!"

　철원의 월정리역은 서울서 원산으로 향하던 경원선의 간이역이다. 그곳에는 6·25전쟁 당시 마지막 기적을 울렸던 객차의 잔해가 남아있다. 달리고 싶은 철마의 꿈과 함께 통일

국회에서 열렸던 제1호 병영독서카페 기증식에 참여했던 정의화 국회의장. 자신이 제2호 병영독서카페를 기증하겠다는 약속을 지켰다.

의 염원이 솟구치는 안보관광의 살아있는 현장이다.

월정리역에서 좀더 달리면 민간인의 출입이 통제되는 GOP가 나온다. 과학화 경계작전을 통해 밤낮 없이 적의 동향을 감시하고 침투에 대비하는 국토 수호의 최일선이다.

민간인이라고는 철책 뒤편 너머 이따금 농사일을 하러 모습을 비추는 지역민밖에 없는 적막한 곳, 오히려 전방의 고라니, 그리고 위장마을에서 모락모락 피어나는 연기가 더 낯익은 이곳에 왁자지껄 활기가 넘친다.

릴레이 나눔운동으로 진행되는 병영독서카페 제2호가 강원도 철원의 이곳 6사단 2연대 1대대 6소초에 전달됐기 때문. 병영독서카페 기증식은 지난 6월 18일 김성동 국회의장 비서실장(차관급), 성

정의화 국회의장을 대신해 참석한 김성동 비서실장과 조상은 사랑의책나누기운동본부 사무국장이 이국재 사단장 등 부대측에 병영독서카페를 기증하고 있다.

석호 국회 국방위원회 수석전문위원, 전상수 국회 기획조정실장이 현장을 방문한 가운데 진행됐으며, 병영독서카페 나눔운동을 주최하고 있는 국회 군 인권개선 및 병영문화혁신 특별위원회 정병국 위원장측과 도서를 기증하며 행사를 주관하고 있는 사랑의책나누기운동본부의 조상은 사무국장이 함께 했다.

병영독서카페 기증식에 정의화 국회의장을 대신해 참석한 김성동 비서실장은 테이프커팅 후 "국회의장이 기증한다는 것은 국민의 이름으로 제공하는 것과 같다"라며 "국회의장님은 젊은이들을 볼 때마다 책을 많이 읽으라 격려하신다. 건강한 육체만큼 정신적으로도 성숙해져 전역 후 나라의 기둥이 되길 바란다. 국민인 자제이고 형제이기도 한 장병들의 건투를 빈다"라고 격려했다.

이에 육군 6사단장 이국제 소장은 "멋진 북카페가 GOP에 있으니 장병들이 너무 좋아한다. 생활관보다 너무 좋아서 오히려 걱정이지만, 책도 많이 읽고 자기계발도 하며 잘 활용하도록 하겠다. 진심으로 감사드린다."라고 화

정의화 국회의장과 정병국 위원장이 병영독서카페를 둘러보고 있다.

답했다.

병영독서카페를 갖게된 소초원들의 기쁜 마음은 기증식 후 생활관에서 가진 장병과의 대화에서 고스란히 전해졌다. 소초장 조동환(진)대위는 "근무를 마친 병사들이 쉬는 시간에 책을 보고 싶어하지만 적당한 공간이 없어 안타까웠다. 그래서 침상에서 볼 수밖에 없는데, 동료들의 숙면을 방해할지 몰라 플래시를 켜고 조심조심 책을 보곤 한다. 그런데 독서카페 이야기를 듣고는 '혹시나' 우리 소초에 오면 정말 좋겠다고 생각했는데, '역시나'가 될 줄은 꿈에도 몰랐다. 소초원을 대신해 정말 감사드린다."라며 감격스러워했다.

그 말을 듣던 이국재 사단장이 선물 하나를 약속했다. 아메리카노를 뽑을 수 있는 미니 커피자판기 한 대를 기증하겠다는 것. 생활관에 환호성이 이어졌다.

삭막한 GOP, 독서와 휴식의 오아시스

병영독서카페는 제1야전군사령부가 지난 1월부터 예하 GOP부대에서 운영하며 근무환경 개선에 효과를 거두고 있는 히트상품이다. 문화 및 복지시설이 전무한 삭막한 환경의 GOP 근무를 마친 장병들에게 병영독서카페는 독서와 휴식의 오아시스로 자리하고 있다.

이에 국회 군 인권개선 및 병영문화혁신 특별위원회가 국민운동으로 사업을 본격화하게 된 것. 특히 병영문화혁신특위 위원장인 정병국 의원은 문화체육관광부 장관 시절 병영 독서에 많은 관심을 기울여 온 대표적 인물로, GOP 소초를 350개의 병

병영독서카페는 병사들의 편의를 위해 신발장의 사이즈까지 고려했고, 바닥은 강화온돌마루를 깔았다.

영 독서카페로 잇자는 사업을 야심차게 진행하게 된다.

"군의 문제는 군 내부만의 문제가 아니라 국가적, 사회적인 문제로 눈앞에 보이는 현상만 타파하려고 해서는 안됩니다. 우리 모두가 적극적으로 나서서 문제의 원인을 찾고 범정부적으로 해결하기 위해서 노력해야 합니다. 지난해 병영에서 불거진 각종 사건 사고 이후 국회 병영문화혁신특위는 여러차례의 현장방문과 실태조사, 간담회, 토론회를 통해 병영독서에 주목하고 있습니다. 인문학 독서가 병영문화를 개선하는데 큰 역할을 한다고 판단했기 때문이죠. 현재 대대급 병영도서관은 그 근거 및 기반이 어느 정도 마련되어 있으나 GOP 소초 등 격오지부대 장병들은 병영도서관 혜택이 요원

하다는 점에서 컨테이너를 이용한 병영독서카페에 관심을 갖게 됐습니다."

정부의 예산투입이 아니라 국민운동으로 방향이 결정되자 병영문화혁신특위는 발빠르게 움직인다. 한국공간디자인학회에서 재능기부로 디자인 설계를 맡았으며, 병영독서 활성화 지원사업을 펼치고 있는 사랑의책나누기운동본부가 도서 지원 등 주관을 맡아 함께 사업을 진행하기로 했다. 그리고 병영문화혁신특위 소속 국회의원 18명이 십시일반 성금을 모아 제1호 병영독서카페를 제작했다.

지난 4월 8일 국회 본관 앞 잔디밭에 설치된 병영독서카페는 많은 이들의 시선을 모았다. 매스컴에서도 많은 관심을 보였다. 전면과 한쪽 측면이 넓은 통유리로 이루어져 커피향이 물씬 풍길 것만 같은 카페 분위기 그대로였던 것. 그래서 당시 카페가 오픈된 줄로만 알던 행인들도 꽤 많았다.

꼬리에 꼬리 물고 기증 약속 이어져

병영독서카페는 가로 6m 세로 3m 크기의 컨테이너에 장서 600~1,000권을 채울 수 있는 서가 및 탁자, 의자, 군화 신발장이 마련되어 있으며, 에어컨 등 냉난방 시설을 구비하고 있다. 탁 트인 전망으로 인해 실내 면적은 생각보다 훨씬 넓어 보였다.

현재 도서를 제외한 독서카페 하나당 실 제작비용이 1,200~1,300만원 정도. 2호를 거치며 독서카페는 계속 업그레이드 되고 있다. 6사단 6소초에 전달된 제2호 병영독서카페는 1호 독서카페와 달리 바닥이 마루로 되어 있다. 전원을 넣으면 난방이 되는 구조다. 제1호 독서카페가 디자인에 치중한 나머지 조명이 다소 어둡다는 의견이 개진되어 조명을 별도로 추가했다.

제2호 병영독서카페는 제1호 카페 제작 및 기증행사에 참석했던 정의화 국회의장이 기증을 약속한 것이다. 의정활동에 바쁜 와중에도 국회의장은 약속을 지켰다.

제3호 병영독서카페도 기증자가 예약되어 있다. 남경필 경기도지사도 도내의 군부대 GOP에 20여개의 병영독서카페 기증을 약속한 바 있다. 국민은행 등 기업들도 참여의사를 밝히고 있다. 때문에 장병들의 군 복무를 성원하고 응원하는 릴레이 국민운동으로 의미있게 확산될 것으로 보인다.

제2호 병영독서카페를 둘러본 6소초 양모 상병의 말이 귓전을 울린다.

"소초의 30여명 용사 모두 막중한 임무를 수행한다는 사명감이 있지만, 한편에서 미래에 대한 꿈도 있습니다. 환경은 열악하지만 그 꿈을 위해 열심히 살고 있습니다. 이번 병영독서카페가 그 꿈을 펼치는데 큰 도움이 될 것같아 기쁩니다. 우리 용사 모두 맡은 바 임무에 최선을 다하며, 나라의 인재가 되리라 다짐하고 또 약속드립니다."

제3호, 제4호 병영독서카페가 기다려진다. 국회 병영문화혁신특위는 올해중 모든 GOP 및 도서지역 소초에 병영독서카페 보급을 마무리한다는 목표를 가지고 있다.

병영독서카페에서 장병이 책을 고르고 있다.

병영도서카페는 10여명의 장병이 외부풍경을 내다보면서 책을 읽을수 있다.

BOOK & CAMPAIGN

독서카페 제3호, 서해 최전방 교동도 상륙!

해병대 출신 국회의원의 지극한 해병대 사랑이 해병대 제1호 독서카페라는 결실을 낳았다. 국회 군 인권개선 및 병영문화혁신특별위원회가 사랑의책나누기운동본부와 함께 추진하는 병영 독서카페 릴레이 나눔, 그 세 번째 현장을 찾았다.

이제 귀신 잡는 독(讀)한 해병

인천광역시 강화군 교동도. 지난해 7월 강화도에서 이어지는 교동대교가 개통되며 육지와 연결되었지만, 여전히 민간인 출입통제선 이북에 위치한 서해 최전방 지역이다. 851 OP(Observation Post, 관측소)에서 바라보면 황해도 북녘땅이 손에 잡힐 듯하다. 망원경으로는 농사일 하는 북한 주민의 표정까지 읽힌다.

지난 6월 23일, 외딴 섬 교동도가 떠들썩했다. 국회 군 인권개선 및 병영문화혁신특별위원회(이하 병영문화혁신특위) 정병국 위원장을 비롯 김용남, 민홍철, 박명재, 신의진, 윤명희, 이채익, 홍철호 등 무려 8명의 특위 소속 국회의원이 교동부대를 찾은 것이다. 국회의원 8명의 동시방문은 유례가 없는 일. 행사 관계자의 언급처럼 앞으로도 이루어지기 힘든 기록이 될 것이다.

병영문화혁신특위가 사랑의책나누기운동본부와 함께 진행하는 병영 독서카페 릴레이 나눔운동. 제1호와 제2호 독서카페가 각각 강원도 철원의 3사단 GOP소초와 6사단 GOP소초에 기증된 데 이어 제3호 독서카페는 해병대 2사단 교동부대 인사리중대에 전달됐다. 기증자는 굽네치킨으로 잘 알려진 (주)GN푸드 홍경호 대표. 그는 굽네치킨을 함께 창업했던 홍철호 의원의 동생이기도 하다. 당연히 국회 국방위원회 위원이자 병영문화혁신특위 위원으로 활동하고 있는 홍철호 의원의 역할이 컸다. 더욱이 이날 오에이치코리아에서 공기살균기 100대를 기증하기도 했는데, 홍 의원의 후배가 운영하는 기업이라고 한다.

한번 해병은 영원한 해병, 홍철호 의원의 자부심을 들어보자.

"제가 세상에 태어나서 가장 잘한 일 중의 하나가 해병대에 입대한 것이고 그 다음은 국회에서 국방위원회 위원이 된 것입니다."

민간기업이 참여한 첫 릴레이 기부

독서카페 제3호 기증식 현장에는 또 한명의 해병대 출신 의원이 있었다. 병영문화혁신특위 위원장인 정병국 의원. 심지어 아들까지 해병대 출신인 정의원은 "해병 2사단 5연대는 리딩 1250(한달에 2권씩 전역할 때까지 50권의 책을 읽자는 운동)캠페인이 시작된 부대로, 이곳에 해병대 독서카페 1호가 기증된 건 의미가 크다"라며 "독서카페의 활용도가 높다는 소문이 날 수 있도록 힘써달라"고 당부했다.

독서카페 기증식은 해병대 2사단장 전진구 소장, 해병대부사령관 류지영 준장이 참여한 가운데 진행됐다. 전진구 소장은 인사말을 통해 "군 생활에 활기를 불어넣으며 장병들에게 더 큰 꿈을 갖게 할 독서카페 기증에 감사드린다"라고 말했다. 교동부대장 김화동 소령은 "부대가 민간인 출입통제선 이북에 위치해 문화적 혜택이 부족했다"라며 "독서카페는 장병들의 자기계발 여건을 보장하고, 활기찬 병영문화를 정착시키는 자양분이 될 것"이라고 감사를 표했다.

굽네치킨이 후원한 제3호 독서카페는 냉난방 시스템과 온돌강화마루 등 편의시설을 갖췄으며, 600권의 양서가 비치됐다.

한편 이번 독서카페가 더욱 의미있는 것은 민간기업이 참여한 첫 번째 기부라는 점. 현재 국민은행 등 다수 기업들의 참여가 예정되어 있어 최전방 350곳 GOP소초에 독서카페를 설치한다는 목표에 탄력이 붙을 것으로 보인다.

병영문화혁신특위 의원들의 한 마디

김용남 의원 젊은 날은 다시 오지 않는다. 책 많이 읽고 후회 없이 군 생활 하시라.

민홍철 의원 아들이 공군 방공포병으로 춘천 250고지를 지키고 있다. 여러분이 자랑스럽다.

박명재 의원 육군 병장 출신이다. 아들 둘도 육군 만기전역했다. 여러분을 보니 마음이 뜨겁다.

신의진 의원 아들이 군대에서 책을 많이 읽더라. 군대 간 덕에 인간된 것 같아 기뻤다.

윤명희 의원 해군과 육군에서 근무한 아들 둘이 얼마 전 전역했다. 여러분도 전역하는 날까지 건강히 지내시라

이채익 의원 강원도 거진에서 초병 생활 하던 기억이 생생하다. 국방위원이 되어 여러분의 군생활을 돕고 싶다.

정병국 의원 군 생활 한 달 남은 병장이 어떻게 지내면 좋을지 묻더라. 나 같으면 하루에 책 한권씩 읽겠다.

홍철호 의원 태어나서 가장 잘한 일 중의 하나가 해병대에 입대한 것이고 그 다음은 국회에서 국방위원이 된 것이다.

2015. 6. 23
해병대 독서카페1호점 기증식에 군 인권개선 및 병영문화혁신 특위 위원들이 참석해 장병들과 파이팅을 외치고 있다.

BOOK & CAMPAIGN

경기도, '따복' 독서카페 20개소 기증

책팟이 터졌다! 경기도는 지자체 중 처음으로 릴레이 나눔운동에 동참, '따복 독서카페'라 명명된 병영 독서카페 20개소를 기증했다. 3군사령부 예하부대 전방 소초에 17개, 해병대에 3개가 배분됐는데, 지역별로는 연천 9개, 파주 5개, 김포 5개, 화성 1개이다.

독서카페 릴레이 기증에 가속도 붙다

경기도가 기증한 20개소의 컨테이너형 독서카페에는 '따복'이라는 수식어가 붙여졌다. '따복'이란 '따뜻하고 복된'이라는 의미로 경기도의 복지정책을 상징한다.

경기도 남경필 지사가 국회 병영문화혁신특위 정병국 위원장으로부터 GOP 독서카페 기증 릴레이 운동 제안을 받은 것은 지난 3월. 도내에만 116개소의 GOP 소초가 산재한 경기도는 이후 발빠르게 움직여 지난 7월 8일 1사단 도라대대 3소초의 독서카페 개소를 시작으로 파주 지역에만 5개소(1사단 3곳, 9사단 2곳)의 독서카페를 설치했다. 7월말까지 연천에 9개소, 김포에 5개소, 화성에 1개소의 독서카페 설치를 완료할 예정. 군별로 따지면 육군 3군사령부에 17개소, 해병대에 3개소가 기증됐다.

　경기도가 제작한 따복 독서카페는 한국공간디자인학회가 디자인을 재능기부한 이전의 독서카페와는 외관이 조금 다르다. 가로로 길게 창이 난 이전의 독서카페와 달리 세로로 두 개의 창이 난 것이 특징. 하지만 3×6m 규모의 컨테이너 크기에 냉난방시설과 온돌강화마루를 갖추고 있으며, 붙박이형 서가와 책상, 의자 등을 갖추고 있는 점은 동일하다.

　한편 경기도는 따복 독서카페와는 별도로 군인아파트를 대상으로 작은 도서관 조성사업도 추진하고 있다. 올해 안으로 포천 이동 아이파크와 연천 푸르미아르미소, 가평 횃불, 양평 충정, 파주 에버나인 등 5개 군인아파트에 작은 도서관을 조성하고, 오는 2018년까지 20개소로 확대할 예정이다.

1년 만에 다시 찾은 3소초

　천하제일 1사단 도라대대 3소초는 민간인 통제구역이 시작되는 통일대교를 지나 한참을 달려야 겨우 닿을 수 있었다. 따복 독서카페 첫 개소식이 열린 지난 7월 8일, 그곳은 잔칫집의 기운이 물씬했다. 1군단장 김용우 중장, 1사단장 이종화 소장에 이어 '접시꽃 당신'의 시인으로도 유명한 국회 병영문화혁신특위 도종환 의원이 모습을 보였다. 이윽고 오늘의 메인 VIP인 남경필 경기도지사 3소초 행사장에 도착했다.

남경필 지사로서는 감회가 새로웠을 것이다. 도지사가 되자마자 이곳 3소초에서 1박2일 병영체험을 했던 경험이 있었기 때문이다. 딱 1년 전의 일이다. 남지사는 그때 날씨가 너무 더워 근무 한번 나갔다오면 팬티까지 땀에 절었었다고 회고한다. 딱 1박2일의 병영체험이었지만, 매일 똑같은 일과를 반복하는 젊은 장병들을 생각하면 안쓰러운 마음이 앞선다고.

축사에서도 그러한 인연이 한참 소개됐다.

"독서카페가 놓인 자리는 일과를 마치고 맛있게 담배를 피웠던 곳으로 기억합니다. 커다란 재떨이가 놓여있었죠. 취사병이 타주는 아이스커피가 그렇게 맛있었어요. 이곳에 오자마자 그 취사병을 찾았는데, 전역했다고 하더군요."

남지사는 병영체험을 마치며 도지사 판공비로 소초에서 근무하는 장병들에게 안대 하나씩을 선물했다고 한다. 취침 인원과 근무 교대 인원이 뒤섞인 가운데 쪽잠을 자야만 하는 고충을 경험하지 않고서는 도저히 생각해낼 수 없는 선물 품목이다. 그리고는 아예 GOP 소초 근무 장병들에게 보급품으로 지급되어야 할 것 같다고 말해 열화와 같은 박수를 이끌어냈다.

천하제일 1군단의 천하제일 1사단 소초에서 3군사령부에 기증된 17개의 병영 독서카페 중 첫 테이프를 끊어 의미가 남다르다는 김용우 1군단장은 인사말을 통해 병영독서에 대한 지론을 밝혔다.

"책을 읽는 군인은 절대 전투에서 지지 않습니다. 책을 읽는 군인은 인생에서도 절대 실패하지 않습니다."

이에 도종환 의원은 축사를 통해 "최전선의 장병 여러분이 정말 고맙다"라는 말을 전하며 "영혼이 있는 군인이 되기를 바란다"라고 당부했다. 이어 자신의 저서에 '흔들리지 않고 피는 꽃이 어디 있으랴'라는 글귀를 적어 한 병사에게 선물했다.

한편 남경필 지사가 고른 책은 마셜 로젠버그의 '비폭력 대화'. 소초장 이종학 중위에게 선물하며 속지 첫장에 '긍정과 사랑의 말을 씁시다. 우리 공동체를 바꿉니다'라는 글귀를 적었다.

2015. 7. 8
경기도 따복독서카페 개소식에 남경필 지사, 도종환 의원 등이 방문해 장병들과 축하하고 있다.
경기도는 병영도서카페 6호부터 25호까지를 기증했다.

2015. 7.
경기도 따복도서카페 기증에 대한 고마움으로 장병이 남경필 지사에게 캐리커쳐를 선물하고 있다.

특위위원 핫! 인터뷰 - 정병국 위원장

군 인권개선 및 병영문화혁신 특위위원장을 맡은 정병국 의원은 군대를 인성교육의 장으로 변모시키는데 있어 독서의 유용성을 크게 강조하고 있다. 군부대 독서 보급 운동에도 앞장서고 있는 그의 말을 들어보자.

Q 군내 구타나 가혹 행위가 어제오늘 일만은 아니다. 요즘 장병들 자체가 좀 변했기 때문이라고 볼 수 있을까?

A 시대적 가치의 변화도 있고 또 요즘 젊은 세대들이 생각하는 것이나 사회가 요구하는 수준이 높아진 것이다. 장병들은 21세기 사람들인데 병영생활과 시설, 문화는 19세기 문화가 그 대로 잔존하고 있다. 병영문화를 혁신하려면 우리 젊은이들이 가고 싶은 군대, 내게 되움이 되는 군대를 만들어야 한다.

Q 군이 가정과 학교에서 이루지 못한 인성교육을 할 수 있는 마지막 기회라고 말했다.

A 반적으로 '교육' 하면 소위 '밥상머리 교육'이라고 하는 가정교육과 학교교육 그리고 사회 교육이 있다. 그런데 1인 가족이 이미 벌써 25%를 넘고 있다. 가정교육이 인성 교육 전반을 맡기에는 시대적 한계에 다다랐다. 공교육이 무너졌다고 하는 학교교육도 마찬가지이고 거리에서 청소년이 담배를 피워도 나무라는 어른이 없는 사회 또한 교육 주체가 되기 어렵다. 그래서 젊은이들이 반드시 거쳐 가야 하는 군대가 새로운 대안이 된다는 것이다. 이 기간에 대해 인성교육 프로그램을 유용하게 만들어 교육하면 군이 곧 인성교육의 새로운 대안이 될 수 있다고 생각 한다.

Q 그런 군대 인성교육의 일환 가운데 특히 독서에 집중하는 이유가 무엇인가?

A 사회는 게임이나 영화 같은 독서 방해 요소가 많다. 하지만 군대는 그런 방해

요소가 적다. 군이 책을 읽을 기회만 준다고 하면 군대는 독서에 더할 나위 없이 좋은 환경이다. 그렇게 된다면 군대에서 책을 읽던 습관이 자연스럽게 사회에 나와 서도 발현된다. 젊은이의 풍부한 독서량은 결국 국민의 풍부한 상상력이 될 것이다. 국가 경쟁력은 올라갈 수밖에 없다. 이것이 창조경제이다.

Q 과거부터 병영독서훈련을 추진하셨다고 하시던데?

A 문화체육관광부 장관으로 재직한 2012년 12억원의 예산을 처음 편성, 병영독서훈련을 시작했다. 2013년과 2014년에는 각각 8억원씩 2015년에는 26억이 편성되었다. 처음 시작할 때에는 누구도 관심을 가지지 않았으나 꾸준히 지속한 결과 지금은 병영문화개선을 위한 우수한 정책으로 인정받고 있다. 병영독서 훈련이 지속되기 위해서는 부대장의 생각과 의지가 중요하다. 간부들도 그 필요성을 인정하고 있으며 올해는 150개 부대로 확대하여 실시되고 있다. 지금은 자기 부대를 받게 해달라는 민원성 편지도 오고 있다. 그래서 더 많은 부대에 기회를 주고 우수한 부대에 지속적으로 지원될 수 있도록 노력하고 있다. 지난해부터는 GOP나 격오지 부대원을 위한 컨테이너를 활용한 '병영독서카페' 설치도 적극 지원하고 있다. 지금까지 30여개의 설치를 이미 마쳤고 350여개를 더 설치할 예정이다.

Q 아들도 병영독서의 수혜자인가?

A 저도 해병대 예비역 병장이고 아들도 해병대에 복무해 해병대 가족이다. 2014년 5월 제대한 뒤 복학한 아들이 입대전보다 세상을 보는 관점이 넓어지고 인내심이 늘었으며 인격적으로도 성숙해졌다. 해병대의 1250운동(복무 중 매달 2권씩 50권 읽기)에 적극 동참해 전공서적은 물론 철학, 역사 등 인문학 책까지 120권을 독파한 덕분이라고 생각한다. 군에 감사한다.

2015. 1. 7
징병국위원장이 1군 사령부를 방문해 책 2,800권을 전달하고 난 뒤 직접 장병들에게 책을 나눠주고 있다.

4
개혁은 쓰고 열매는 달다

🧢 어머니 마음, 고무신 마음

 젊은 남성 장병이 사랑하는 두 여자가 있다. 누구일까? 한 명은 어머니요, 다른 한 명은 애인이다. 보고플 때 사진 한 장 몰래 꺼내놓고 그 얼굴을 보면 눈물이 난다고 했고, 어색해진 짧은 머리를 보여주고 싶지도 않고, 손 흔드는 사람들 속에 남겨두기도 싫다고 했다.

 그렇다면 이렇게 장병들이 사랑하는 그녀들은 군에 대해서 어떻게 생각하고 있을까? 그리고 어떻게 하면 가혹행위와 폭력을 멈추고 자신들이 사랑하는 남자들을 온전히 돌려받을 수 있을 것이라 생각할까?

특위는 지난 1월 13일 연세대학교 공학원에서 병영문화 개선을 위한 국민토론회를 열었다. 이 자리에는 각계 다양한 국민들이 초청에 응했는데, 군에 아들을 보낸 어머니들도 함께 있었다.

"정신적으로 조금 문제가 되는 애들이 더러 있습니다. 그런데 그런 아이들을 전문 상담 자격증이 있는 우리 엄마들이 상담을 하면 그 아이들이 제대로 군인생활을 마치지 않을까 생각합니다."

최근 제대한 아들이 있다는 한 어머니의 말이다. 역시 어머니의 마음은 푸근하다. 어머니와의 대화를 통해 잘못된 생각을 갖고 있었던 병사들을 치유할 수 있다는 것이다. 만약 실제로 시행이 된다면 효과가 작지 않으리라 생각된다. 특히 그린 캠프에 모여 있는 병사들, 어딘지 크든 작든 마음에 상처가 나 있는 병사들이 상담사이지만 어머니 같은 멘토와 이야기를 나눈다면 치유효과도 크리라 생각된다.

방위사업청 급식 감시단 활동을 해본 적이 있다는 또 다른 어머니는 군에 대한 사전 정보가 너무 없다는 이야기를 남겼다. 군에 오는 장병들도 그렇고, 부모님들도 그렇고 장병들이 입대해서 지내야할 군 생활이 무엇인지 사전에 알지 못해서 불안불안하다는 것이다. 그러면서 나름 해법도 내놓았는데 고등학교 수능시험이 끝나고 나서 졸업하기 전까지 수업일수를 채우기 위해 학교에 가는 기간 동안에 군에 대한 사전 교육을 하면 어떻겠느냐는 의견이었다. 고등학교를 졸업하는 남학생은 거의 모두 징집대상이 된다는 점에서 눈여겨볼 제안이다.

그럼 또 다른 여자, 군인을 사랑하는 또 다른 여자, 우리 고무신들의 반응은 무엇일까? 최근 남자친구를 군에 보낸 모 대학교 2학년 여학생의 말이다.

"뭐니 뭐니 해도 자주 나오고, 자주 연락되고 그런 것이 가장 사고를 많이 줄이지 않을까요? 카투사에 간 같은 과 선배 오빠를 보면 별로 그렇게 군 생활에 힘들어하지 않는 것 같은데, 저희 남자친구는 아직 휴가 한 번 안 나와서 뭘 하는지 어떻게 지내는지 불안해요."

빨리 얼굴을 보고 싶다는 표현이겠지만, 외박이나 외출을 통해서 스트레스 정도를 줄이는 데 작지 않은 영향을 미치는 것은 사실이니 틀린 말은 아니다. 더불어 자주 연락이 된다는 것은 간접적이나마 안부를 확인하는 것이니 확실히 감시의 효과는 있을 것이다. 비슷하게 최근 국방부가 부모님들이 자식들의 안부를 확인하는 용도로 각 부대에 배포한 수신전용 핸드폰을 잘 활용하면 이 곰신녀의 소원 또한 들어줄 수 있지 않을까.

이제 다음 달이면 남자친구가 제대한다는 한 곰신녀는 남자들끼리 모여 있으니 아무래도 거칠어지지 않느냐며 차라리 남녀동등 비율 막사를 제안하기도 했다.

"처음에는 비교적 순했던 남자친구가 1년 정도 지나니까 뭐랄까 좀 짜증을 많이 내고 신경질적이 되더라고요. 아무래도 남자들끼리 있어서 그런 것 아닐까 해요. 이제 남자친구가 곧 있음 제대하니까 다행이지만, 계속 더 있으면 얼마나 거칠어질까 좀 무섭기도 했거든요."

과학적인 데이터가 있는지 모르겠지만 교직생활이 오랜 선생님들 가운데에는 확실히 남학생만 모인 학교 보다는 남녀공학인 학교의 남학생들이 조금은 덜 폭력적이라는 말씀을 하는 분들이 더러 있는 점을 보면, 나름 일리가 있는 말이다. 물론 실시하더라도 거기서 발생하는 성관련 문제는 확실히 대안을 마련하고 진행해야겠지만 말이다.

 어머니들의 마음이나 군에 남자 친구를 보낸 여자 친구들 이른바 고무신들의 마음은 대략 '보다 많은 소통'과 '장병들의 외부 노출'에 잇닿아 있는 듯 보인다. 군에 보내놓고 나면 하루아침에 깜깜 무소식 상황이 되니 그 마음이 오죽 답답할까. 그래서 최근엔 SNS를 부대와 이들간 소통의 한 방식으로 차용하는 곳도 점점 많아지고 있다. 군사우편이 유일한 소식통이었던 때에 비하면 격세지감마저 느껴진다.

 하지만 곳곳에서 부작용 사례도 보고되고 있다. 부대의 일거수일투족이 영외로 노출되거나 행여 연락이 안 될 경우 부대에 직접 찾아오기까지 하는 따위 등이다. 물론 기본적으로 군대에 아들을 그리고 애인을 보낸 두 여자들의 마음을 달랠 수 있다면 큰 대세에 이는 잡음이라고도 할 수 있겠다. 따라서 그러한 제도를 운영하는 부대에서는 분명한 원칙을 세우고 또 이를 부대 내외의 당사자들이 잘 알고 이용해서 문명의 이기가 진정한 소통의 수단이 되도록 서로 슬기를 발휘해야 할 것이다.

특위위원 핫! 인터뷰 – 윤명희 위원

윤명희 의원은 두 아들을 각각 육군과 해군에 보낸 자랑스러운 대한민국의 만점 어머니이자 국회 여성가족위원회 소속 위원이기도 하다. 그래서 더욱 눈부셨던 윤 의원의 특위 활약상을 들어보았다.

Q 의원님은 보호 관심병사 제도를 장병 병영생활 도움 제도로 변경하는 데 큰 역할을 하셨다. 제도를 변경한 배경과 개선된 점은 무엇인가?

A 작년에 여성가족위원회 위원으로서 국정감사를 할 때에 마침 윤 일병 사건이 터졌다. 그래서 자료를 보니 관심병사라는 제도가 있더라. 그런데 윤 일병이나 가해자도 관심병사로 지정된 적이 한 번도 없었다. 그런데도 그런 사고가 났고 그래서 이 관심병사는 어떤 부류가 될까, 하고 조사를 해보니까 한부모 가정, 조손가정, 생계가 어려운 자, 이런 식으로 아주 단순하게 해놓았더라. 지금은 사회가 많이 바뀌지 않았나? 그래서 1인 가족도 늘고 2인 가족도 늘어나는 상황에서 현실에 맞지 않는 정말 탁상 행정적인 제도를 했다는 생각에 지적을 했다. 그래서 이번에 개선한 도움 제도를 보면 도움그룹과 배려그룹, 이렇게 두 가지로 구분이 되어 있다. 도움그룹 같은 경우는 자칫 예민해서 자살을 한다거나, 이런 사고를 낼 수 있는 친구들을 분류해서 조금 더 친밀하게 다가가는 지도를 한다. 배려그룹은 폭행 같은 사고를 낼 수 있는 친구들을 분류하는 것이다. 그래서 거기에 맞는 맞춤형의 지도를 하겠다는 식으로 이번에 병영 제도를 바꿔 놓았다.

Q 군대 내 성폭행 문제도 이야기를 안 할 수 없을 것 같은데, 성폭행 가해자가 지휘부가 되면 알릴 수 없는 현실을 해결하기 위해서는 어떤 방안이 필요할까?

A 부대는 폐쇄적인 공간이기 때문에 사실은 밖에서 알 수 있는 건 없다. 그동안 부대 내의 성폭행 문제나 이런 것에 대한 현황도 없다. 그러다 보니까 접근도

안 됐던 것이다. 그런데 우리 여성가족위원회가 바로 성폭력에 관련한 부서 아닌가? 그래서 이번에 여가부에서 실태 조사를 할 수 있도록 했고 그 다음에 부대에 찾아가는 그런 교육을 하는 걸로 돼 있었다. 예산이 지금 부족해서 올해 당장 실시는 못 하고 있지만 예산을 확보해서 찾아가는 성폭력교육을 부대 내에서 할 수 있게 해야 한다. 여가위와 여가부에서는 이제 찾아가는 어떤 교육을 통해서 문제를 조금 더 해소할 수 있도록 그렇게 할 것이다.

Q 이번 특위를 반드시 성공시키겠다는 다짐 같은 것은?

A 사실 특위 활동하기 직전에 혼자서 윤 일병 납골당을 다녀왔다. 보니까 너무 어린 소년 사진이 있더라. 그래서 너무 가슴이 아프고 두 아들을 군에 보냈던 엄마로서도 너무 마음이 아파서 참 발걸음이 떨어지질 않았다. 지금도 복무하고 있는 젊은이들이 있지 않은가? 여태까지 모든 것들이 어른들의 무책임으로 인해 이런 지경까지 왔다는 것에 대해서는 정말 사과를 드리고 싶은 심정이다. 하지만 아직 희망은 있기 때문에 대한민국이 존속하는 한, 또 그 친구들이 나라를 지키듯이 우리 정치인도 그 친구들을 지켜줄 수 있는 그런 버팀목이 될 것이라는 이야기를 드리고 싶다.

2015. 7. 2
윤명희 의원이
이천 7군단을 방문해
부대원들을
격려하고 있다.

 **일단 이것부터!! – 7대 과제 의결**

 지난 4월 30일은 국회 군 인권 개선 및 병영문화혁신 특위가 1차 활동을 종료하는 날이었다. 이날 특위는 그동안 논의, 연구, 검토한 과제 55개 중에 우선 7개 분야 38개 과제를 의결했다. 특위가 긴요 긴급한 사안으로 파악하고 우선 실행에 옮길 것을 이날 의결을 통해 국방부와 정부에 촉구하고 권고한 것이다.

 과제는 크게 7개 분야인데 ▲ 군 사법체계 개선 분야 ▲ 군복무 부적격자 심사 및 부적응자 관리체계 개선 분야 ▲ 성폭력 근절 종합대책 분야 ▲ 의료체계 개선 분야 ▲ 장병교육체계 개선 분야 ▲ 군 인권보장 및 권리구제 분야 ▲ 장병복지 개선 분야 등으로 나누었다.

 이 가운데 군 사법체계 개선 분야에서는 군사법원을 폐지하면서 동시에 관할관 제도 및 확인조치권 제도 역시 폐지하도록 했다. 심판관제도 역시 마찬가지이다. 현행 군사법원은 국방부 산하의 특별법원 형태로, 사법권・행정권을 함께 가진 조직은 '군'이 유일하다. 때문에 은폐와 자기식구 감싸기 의혹이 계속 일고 있는 가장 큰 원인으로 의심받고 있다. 군사법원을 폐지한다고 해서 군사 분야 재판을 맡는 곳이 사라지는 것은 아니다. 대신 사법부 산하인 일반법원의 특수법원으로서 군사법원을 두거나 지방법원 합의부에 군사부를 설치할 수도 있다.

 사단장이나 군단장 같은 부대 지휘관이 수사, 기소, 재판부 구성, 판결 확인까지 광범위한 권한을 갖고 있는 관할관 제도와 이 관할관이 부대 내 장교를 자신의 재량껏 재판관으로 임명할 수 있는 심판관 제도 역시 그동안 군사법제도의 폐쇄성을 높이고 국민적 신뢰를 깎는 원흉으로 주목받아온 제도이다.

2015. 4. 8
정성호간사와 정병국위원장이 국방부 병영문화혁신TF의 보고를 받고 있다.

징병률 90% 시대에 맞는 체계적인 병력관리 시스템을 구축하는 데도 심혈을 기울였다. 먼저 현역 복무 부적격자에 대한 자료를 병무청이 공유하도록 하여 장병 선발에 참고하도록 했다.

내곡동 예비군 총기난사 사건에서 보듯이 군대와 사회, 사회와 군대 간 정보 격차에 따른 사고 역시 미연에 방지할 수 있도록 심혈을 기울였다. 일단 현역복무 부적격자에 대해서는 각 군이 만든 데이터베이스를 병무청이 연동하도록 해 현역 복무 부적격자의 법적·제도적 입대 차단 시스템이 구축되도록 하였다. 또 신경정신의학 전문가와 뇌신경과학자, 인지과학자 등 민간전문가들을 참여시켜 과학적이고 객관적인 심리검사 도구를 개발하고 이를 검증하도록 했다.

그린캠프의 효율성도 도마에 올렸다. 특위 활동 결과 그린캠프는 사고위험이 있는 병사를 사고예방 차원에서 보내는 것이 아니라, 복무부적응 병사의 정신건강 증진을 위한 프로그램으로 개선할 필요가 있었는데, 이를 위해 그린캠프를 통합하고 입소자의 상태를 고려한 맞춤형 치유프로그램 개발을 위한 연구용역 수행하도록 했다. 그리고 정신건강의학과 군의관의 그린캠프 순환근무를 위한 관련 규정을 보완하고 정신과 군의관 인력 보강하도록 했는데 정신건강의학을 전공한 군의관들이 그린캠프에 순환 근무함으로써 장병들의 정신건강에 실질적으로 도움이 되는 그린캠프가 되도록 하기 위한 것이다.

이번 특위 가동의 직접적인 도화선이 된 윤 일병 집단 구타 사고와 함께 가장 큰 화두로 떠오른 군대내 성폭력, 특히 여군을 향한 성폭력 문제에 대해서는 정확한 실태조사부터 한 걸음을 시작하도록 했다. 당장 올해 안에 국방부가 '군 성폭력 실태조사'에 착수하도록 했고, 내년에는 여성가족부 차원에서 피해 실태를 조사한 뒤 향후 3년 단위로 실태조사를 정례화 하는 것이다.

실태조사와 함께 교육을 통한 문제 해결에도 나섰다. 미래의 장교가 될 각 군 사관학교 생도들에게 성인지 및 양성평등과 인권교육 과목을 정규과목으로 편성하도록 했으며 전체군인의 성인지력 향상 교육을 확대 강화하도록 했는데, 단순한 강의에 그치고 마는 현행의 집단 교육이 아니라 법령을 개정해 소규모 토의식 교육을 분기별 1회씩 실시하도록 하였고, 이를 위해 교육 콘텐츠를 개발하고, 우수 전문 강사를 확보하는 등 관련부처와의 협업을 통해 성인지 교육 시스템을 구축하도록 하였다.

강력한 처벌도 뒤따른다. 모든 성폭력 범죄자는 기본적으로 'One-Out'개념에 따라 단 한번 잘못을 저질러도 군에서 퇴출시키는 것을 원칙으로 했다. 그리고 제대군인 지원에 관한 법률을 고쳐 예비역으로서 누릴 수 있는 복지 혜택을 박탈하고, 군인공제 우선 공급주택 지원을 제한한다. 또한 형사 처벌 결과를 반영한 임용 결격사유를 강화해 성범죄로 인한 벌금형이 임용에 영향을 미치는 방안을 추진하도록 하였다.

병사들의 생명 보호와 직결된 의료체계 개선은 '선택'과 '집중' 전략을 그대로 구사하였다. 현재 군병원은 민간병원과 똑같은 진료과목을 개설하고 있으나 전반적으로 그 진료에 대한 신뢰성이 떨어지고 있다. 때문에 점점 더 많은 장병들이 군병원보다는 민간병원을 찾고 있다. 이에 군병원은 군 특성에 맞는 진료과목을 도출하는 연구용역을 실시하도록 하였다. 군병원 기능 조정과 부대 내 다발성 질환 등의 실태를 고려해서 군 의료체계 안에 꼭 두어야할 진료과목을 도출한 뒤 그 외 진료과목은 민간 병원에 위탁하는 것이다.
임 병장 사건에서도 드러났듯이 격오지나 GP 등 전방일선 부대의 부족한 응급의료시스템에도 메스를 들게 하였는데, GP/GOP 대대에 부사관급의 응급구조사 66명을 배치하며 소초에 의무병도 증원한다. 또한 격오지 부대 근무 장병의 의료접근성을 향상시키기 위해 원격진료 시범사업을 추진하여 타당성과 함께 운영상 문제점을 보완하는 등 향후 사업 확대를 검토하도록 하였다.

젊은이들에게 군이 '가고 싶은 곳'이 되도록 하는 조치들도 나왔다. 일부에서 환영받고 있는 대학학점인정을 더욱 확대하도록 했으며, 병사들이 개인적으로 비전을 갖고 근무를 할 수 있도록 '병 비전 설계 상담과 리더십 교육'을 늘리기로 하였다. 병 비전설계 상담이란 의무복무기간 동안 자기계발 기회를 살려 보람 있는 병영생활을 할 수 있도록 하기 위한 것으로 입대 초기 신병들을 대상으로 군 복무기간 동안 자신이 무엇을 할 지 비전을 설계하는 상담을 받게 되고 이로써 병사들은 능동적이고 적극적인 군 생활을 하도록 유도한다. 자신이 근무하는 부대에 대한 애대심과 자긍심 또한 높이도록 했다. 이를 위해 부대 전역자들을 초대하여 병사들과 자연스런 소통을 하도록 하게 하거나 부대 영웅을 지정하고 새로 전입하는 병사들은 부대 역사에 대한 소개 교육을 받게 된다.

군 옴부즈만 제도에 핵심을 두고 있는 군 인권보장 및 권리구제 분야는 군의 폐쇄성 극복이 관건이었다. 옴부즈만 제도는 군 내외 권리 구제 제도 기능이 발휘되기 어렵다는 판단에 따른 것으로 국방부 이외의 기관에 설치하되 명칭은 '군 인권 보호관'으로 하기로 하였다. 현재 특위는 국회에 설치하는 방안과 총리실에 설치하는 방안, 그리고 국가인권위원회의 상임위원 중 국회가 추천한 위원을 군 인권 보호관으로 임명하는 방안 등이 타당한 것으로 판단하고 있다. 국방부에 둘 경우, 여러 가지 은폐 의혹과 시도에서 자유스럽지 못할 가능성이 높기 때문이다.

인권보호관의 권한은 자료제출요구권, 진술요구권, 불시방문조사권 등으로 보장된다. 언제든 문제가 있다고 판단되는 부대에 방문하여 관계된 서류나 인원에 대한 조사를 벌이고 이들에게 대해 진술을 요구할 수 있어야 제대로 된 조사가 진행될 뿐만 아니라 그 결과에 대한 신뢰성 또한 손상되지 않을 것이다. 조사를 벌인 뒤에는 긴급 또는 최종 구제조치를 권고하거나 검찰(군검찰)에 고발할 수 있으며 징계를 권고할 수 있다. 또한 제도의 문제라면 해당 제도에 대한 개선이나 시정을 권고할 수도 있다. 이런 조치 결과는 정기 또는 수시로 국회 국방위원회에 보고하게 되며, 조사 결과나 권고사항은 언론에 공표하여 국민의 알권리를 충족시키면서 군에 대한 신뢰를 잃지 않도록 보호하게끔 하였다.

장병들의 근무여건 개선과 사회적 보상은 자격증 인정 확대와 국방재능기부 은행 설립 등 다양한 방안을 준비했다. 일단 연구용역을 실시하여 국가자격검정에 추가할 수 있는 과목을 발굴하고 국방부와 고용노동부 협의로 국방 분야 국가자격검정을 실시하도록 하였다. 장병들에게 자격증이라는 목표를 제시하면서 군생활의 경험을 개인의 실력과 거기에 대한 국가차원의 보증으로 보상하기 위해서이다. 만약 군 생활 중에도 단순하나마 자격증이라는 목표가 있다면 군 생활에 보람을 느끼고 그에 따라 좀 더 긍정적인 마음자세로 군 생활을 할 수 있을 것이다.

군복을 자랑스럽게 입는 문화 권장과 함께 실질적인 복지 혜택을 준다는 차원에서 장병들이 문화유적지를 방문할 경우 일부만 할인해주던 것을 군복을 입고 방문하는 경우 전액 무료 관람할 수 있도록 하였다. 이제 경복궁과 남한산성에서 군복을 입고 휴가를 즐기는 장병들을 좀 더 많이 볼 수 있을지도 모른다. 독서 카페를 제공하는 등 독서 코칭 시스템을 구축하는 것 또한 주요한 복지 분야 개선 방안이다.

입대 장병 중 다문화 장병이 증가하는 현실을 고려해 이들을 받아들일 수 있는 준비 또한 착수하도록 하였다. 다문화 장병의 부대 적응과 군 복무 성실성을 올릴 수 있는 방안에 대한 연구를 실시하고 군인들의 다문화 이해 교육을 여성가족부와의 협업을 통해 확대하는 방안을 권고하였다. 이외에도 민관군이 함께하는 부대체육행사 유치에 당장 예산을 확대 편성하도록 하였고, 성실하게 군복무에 만전을 기하는 장병들에게 포상의 기회를 늘리고 이러한 것들이 사회에서도 정당하게 평가받는 시스템에 대한 연구 역시 시작하게 하였다. 장병들이 복무 중에 재난구호활동을 할 경우 이를 공식 인증해주는 방안도 필요하다.

이상이 지난해 11월 출범한 특위의 결과이다. 모두 7개 분야 38개 과제로 이는 군이 더 이상 지체하지 말고 당장 시작해야할 것들로만 가려 뽑은 것이다. 해당 과제들을 위한 예산안을 뽑아보면 향후 3년간 약 915억 원을 조금 넘는다. 당장 내년에만 337억 원을 해당 과제들을 수행하고 해결하는데 투입한다. 기준에 따라 많을 수도 있고 적을 수도 있다. 다만, 신성한 군복무를 위해 군에 들어

온 소중한 젊은이들의 목숨을 지키고, 훌륭한 사회적 재원을 육성하고 발굴한다는 측면에서 본다면 한낱 푼돈에 불과할 뿐 전혀 아까울 것이 없다.

정병국위원장이 부대를 방문해 장병들과 얘기하며 식사를 하고 있다.

국회 군인권 개선 및 병영문화혁신특별위원회 7대 의결 과제

분야	과제
군 사법체계	군사법원 폐지 권고 관할관 제도 및 확인조치권 폐지 심판관제도 폐지 군 검찰 및 군 사법경찰 제도 운영 개선
군복무 부적격자 심사 및 부적응자 관리체계	현역복무 부적격자 DB를 활용한 입대 차단 시스템 구축 1년에서 6개월로 단축한 정신질환 경력 기간 재검토 현역복무 부적격자 선별 강화 방안 강구 체계적이고 과학적인 그린캠프 운영 군 정신건강의학과 군의관의 그린캠프 순환근무 도입
성폭력 근절 종합대책	군 성폭력 실태조사 정례화 성폭력예방 전담조직 마련 성인지력 향상 교육 확대·강화 성폭력 가해자 제재 강화 및 외부전문가 징계위원회 참여 사관학교 성인지 및 양성평등·인권교육 정규과목 편성 인사관리개선을 통한 권력형 성폭력 예방 전문조력인 확대 등 성폭력 피해자 보호 강화 성폭력 범죄 전담수사관 및 전담검찰관 도입
의료체계	군 병원 기능 및 군 의료 진료과목 조정 장기군의관 임상전담 직위제도 도입 군병원 전공의 정원 확대 및 수련프로그램 마련 의무부사관, 간호군무원 등 의료지원인력 확대 GP/GOP 응급의료체계 개선 격오지 원격진료 타당성 검토
장병교육체계	병 비전설계 상담 및 리더십 교육 간부 리더십 교육 확대 시행 부대정신 함양을 통한 군 복무 자긍심 고취 대책 강구 인성·인권·정신교육 등을 포괄 연계 교육 군사 교육·훈련의 대학학점 인정 방안 강구
군 인권보장 및 권리구제	군 옴부즈만 제도 도입
장병 복지	군에서 체득한 자격의 국가자격 인정 확대 대학 장학생 선발 시 군복무 기간 우대 방안 강구 장병 문화공연 관람 기회 확대 군 독서문화 확대 방안 강구 민군이 함께 참여하는 국방재능기부은행 설립 군 다문화 장병 증가 대비책 강구 지역사회와 연계한 민관군 체육활동 적극 시행 성실복무 병에 대한 보상 방안 추진 군 복무기간 봉사활동에 대한 인증제도 추진

2015. 3. 9
윤명희, 신의진(소위원장), 김광진 의원이 군 복무 부적격자 심사 및 부적응자 관리체계 개선 소위원회 공청회를 개최하고 있다.

특위위원 핫! 인터뷰 – 민홍철 위원

장성 출신이며 또한 군사법원장을 역임한 민홍철 의원은 그런 특기를 살려 군사법체계 개선소위원장으로 활약했다. 군사법체계에 대하여 누구보다 할 말(?)이 많은 그의 이야기를 싣는다.

Q 군의 특수성이나 폐쇄성 때문에 문제가 많이 일어나다 보니 군 사법제도를 민간화 해야 한다는 의견도 많이 나오고 있다.

A 군 사법제도 개선에 대해서 나도 관심이 많고 실질적으로 2005년부터 군 사법제도 대책을 이미 마련했었다. 그래서 국회까지 제출됐는데 국방부에서 거의 동의했다가 그 당시 군 장성들이 반대하는 바람에 이루지 못했다. 그런데 최근 일련의 사건이 발생하는 과정에서 공정하고 투명성 있는 군 사법제도 요구가 또 다시 국민들로부터 엄청나게 빗발치고 있다. 하지만 국방부는 여전히 안일하게 대응하고 있다. 국군이 60만 대군인데 누구나 징집 제도에 의해서 군에 온다. 군복을 입었다고 해서 국민과 달리 대우 받을 이유가 없다. 전략의 문제라든지 훈련의 문제라든지 하는 군의 특수성을 합리적으로 적용하면서도 기본적인 일반 시민으로서의 기본권은 철저히 보장해 줘야 한다. 그러려면 군 사법제도를 일반 사법제도에 거의 근접하게 심지어 똑같게 해주야 한다. 군사법원을 지금 폐지하고 밖에 일반 법원에다가 설치해야 된다는 주장들이 많이 있다. 군법무관, 고등 군사법원장 출신으로서 군 사법제도를 운영해 본 사람의 입장으로서는 절충안으로 군사법원을 특별 법원으로 만들어 설치하되 관할관 확인 제도나 심판관 확인 제도, 그런 비사법적인 부분을 분명하게 폐지해서 지휘관으로부터 간섭을 배제시키는 제도로 운영 하자는 이야기를 하고 싶다.

Q 폐지를 논하기 전 대대적인 개혁을 통해
한 번 더 기회를 줄 필요가 있다는 이야기인가?

A 그렇다. 지금까지 재판 절차에 사법성의 속성을 침해하는 관할관 제도나 관할관 확인 조치권이 등장하는데 군 판사가 법원에서 선고한 다음에 그 형량에 대해서 관할관이 어떤 행정적인 결제를 하는 과정이다. 그것은 재판 속성에 어긋난다. 관할관이 결제를 함으로써 형이 확정이 된다. 이런 과정은 사법권과는 완전히 다른 내용이 들어 있는 것이다. 그러니 이 부분만큼은 없애야 한다. 그럼으로써 사법적인 절차가 보장이 되는 것이다. 또 심판관도 재판관 신분으로 곧바로 재판에 관여를 하게 되어 있다. 일반 법원에 는 국민 참여 재판이라고 해서 배심원 제도가 있다. 하지만 배심원 제도는 판결에 직접 관여하지 않는다. 판사에게 의견을 제시하는 제도이지 자기들이 재판관이 되어서 직접 재판을 하는 것이 아니다. 하지만 군사법원에 있는 심판관 제도는 군인이 재판관이 되고 심지어 재판장이 된다. 왜? 군 판사보다도 대부분 계급이 높은 사람이기 때문이다. 군사법원은 계급을 근간으로 구성한다. 그러다 보니 재판장이 되어서 재판을 직접 하는 것이다. 이것은 헌법에서 보장하는 사법권의 속성과 완전히 다른 것이다. 그래서 이 심판관을 폐지하자는 것이다. 군 장교가 군 판사에게 얼마든지 군사 기밀이나 군사 제도 이런 문제에 대한 자문단 역할을 해주는 것은 할 수 있다. 하지만 심판관 제도로 직접 법관이 아닌 장교가 그때그때 재판에 직접 관여하는 것은 진정한 사법권 구현이 아니다.

2013. 6. 24
지난 2013년 호국보훈의 달을 맞이하여 육군보병9사단 신병교육대대를 방문한 민홍철 의원이 급식 봉사활동을 마치고 장병들과 함께 식사를 하며 환담을 나누고 있다.

 **머나먼 혁신**

　군사법원 폐지와 군 옴부즈만 도입은 연이어 터지는 군내 폭행과 가혹행위, 총기난사 사건과 성폭력 사건으로 특위가 만들어질 때부터 논의의 핵심주제이다시피 했다. 특위의 명칭인 '군 인권개선 및 병영문화혁신특별위원회'의 절반인 군 인권개선은 사실상 군사법원과 군 옴부즈만과 관련된 내용을 담고 있고 매우 중요하게 다루어져야할 사안이었다.

　때문에 특위는 다섯 개 소위원회 가운데 두 곳의 명칭을 아예 '군사법체계개선 소위원회'와 함께 '군 옴부즈만 제도도입 소위원회'로 두고 열띤 활동을 벌였다. 그만큼 중요한 사안이며 더 이상 비극적인 사고가 반복되는 것을 막는 데 필수 불가결하다고 본 것이다.

　그에 대한 결과로 각각 '군사법원 폐지'와 '국방부외 군인권보호관 설치'로 요약하는 결론을 내놓았다. 각각의 소위는 간담회와 공청회를 여는가 하면 여러 시민단체 의견서를 접수하는 등 종합적인 의견수렴 절차를 거치고 특위 위원들 간 심도 있는 논의를 진행한 끝에 해당하는 결론을 내렸다.

현행 군사법원은 국방부 산하의 특별법원의 형태로서 사법권·행정권을 함께 가지고 있는 조직으로서 군이 유일하다. 이와 같은 형태는 군사재판의 독립성 및 공정성 등에 대한 국민의 불신을 야기 시키고 있으므로 군사재판의 독립성 및 형평성을 확보하고 장병들의 인권침해 구제를 위하여 현행 국방부 산하의 군사법원을 폐지하고 이에 따른 관할관 제도 및 심판관 제도도 함께 폐지할 필요가 있다고 보았다. 관할관 및 확인조치권, 심판관제도 역시 마찬가지 맥락에서 폐지를 최종적인 결론으로 준비했다.

군 옴부즈만 제도도입 소위원회는 기존의 군 인권 보호제도가 국민의 신뢰를 상실하였다는 점을 고려하여 국방부 외부에 설치하는 것이 맞다는 결론을 내렸다. 다만 그 설치를 총리실 산하로 할 것인지, 의회에 둘 것인지 아니면 기존 국가인권위원회나 국민권익위원회의 기능을 강화하는 것으로 할 것인지에 대해서만 차이를 보였다.

그러나 이에 대한 특위의 결론에 대하여 국방부는 군사법원을 현행대로 존치하며 군 옴부즈만 즉 군인권보호관에 대해서는 안보분야에 새로운 제도를 도입하는 것은 신중할 필요가 있고 도입할 경우에는 군의 특수성을 고려하여 국방부에 설치하는 것이 타당하다는 뜻을 끝내 굽히지 않았다. 특위가 결론내린 55개 정책권고안에 대하여 체계적이고 과학적인 그린캠프 운영 등 40개는 원안을 그대로 수용하고 정신의학과 군의관의 그린캠프 순환근무 등 6개는 조정수용하면서도 사법제도 개선, 옴부즈맨제도 도입 등 9개는 추가 검토과제로 남긴 것이다.

사법체계 개선에 대해서는 분단국가로서 전시 재판에 대비하여 평시에도 군사법원을 유지해야하는 특수성이 있다는 점을 옴부즈맨제도 도입에 대해서는 전문성과 실효성 그리고 군사보안적인 측면과 지휘권 보장 때문이라고 설명했다. 소위원회가 군인권보호관이 제대로 된 조사하기 위해서 필요한 것으로 간주한 부대 불시 방문권과 자료제출 요구권에 대해서도 군사보안을 침해할 수 있다며 반대의사를 분명히 했다.

사실 국방부의 이런 태도는 오래전부터 예견된 것이었다. 이미 민관군 병영문화혁신위원회가 22개 과제를 권고사항으로 내밀었을 때 국방부는 '복무 부적응자 조기인지와 개인 신상 보호 과제'나 성(性) 관련사고 및 음주운전자는 단 한번만 적발돼도 계급 진출을 제한하는 '원아웃'(One-out) 제도 같은 15개 권고안은 원안을 수용하면서도 군사법제도 개혁과 옴부즈만 제도 도입이라는 딱 두 개 안만 장기 검토 과제로 돌려놓았다. 하기 싫거나 하더라도 나중에 하겠다는 것으로 읽힐 수밖에 없는 대목이다. 이로부터 약 석 달 뒤, 국방부는 특위의 제안에 대해서도 '혹시'나에 '역시'나로 답변했다.

"이번이 개혁의 마지막 기회"라며 결연한 자세로 병영문화 혁신을 강조했던 군 당국이 과거로 회귀하려는 조짐을 보인 것이다. 제5차 전체회의가 있던 지난 4월 8일 급기야 여기 저기서 특위위원들의 질타와 성토가 국방부를 향했다.

그 자신이 군사법원장이기도 했던 민홍철 위원은 국방부의 보고가 군사법체계 개선 차원에서 군사법원 폐지를 논의했던 10년 전이나 지금이나 달라진 것이 없다면서 군이 전가의 보도마냥 '특수성'을 빌미로 동어반복적인 핑계를 대고 있다고 성토했다.

같은 소위 김용남 위원도 "군사법원 폐지와 관련해서 군사법원이 폐지되면 지휘권이 약화되고 그로 인해서 전투력이 약화되고 전시 대비가 보다 어려워진다는 것이 (국방부의) 기본적인 시각 같다"며 하지만 "군사법원의 문제는 부대 내의 군인인, 영관급이 됐든 위관급이 됐든 군 판사 내지는 심판관으로 이루어진 재판부에서 재판을 해야만 지휘권이 강화되고 전투력이 유지되는 것이 아니다"라며 "오히려 합리성에 바탕을 둔 공정한 재판이 이루어져야, 그리고 군에 복무하는 장병들이 그러한 재판을 받을 수 있다는 기대를 할 수 있는 환경이 조성돼야 오히려 군사력이, 전투력이 더 강화되고 우리나라 군대가 더 강군이 된다"라고 꼬집었다.

군 옴부즈만을 한사코 국방부내에 설치하겠다는 것에 대해 군 옴부즈만 제도 도입 소위를 이끈 황영철 위원은 "조사권과 부대의 불시방문권을 주지 않는 옴부즈만 제도 효용성이 있겠느냐?"며 "그걸 사전 통보를 받아서 방문하는 형태로 하면 이것은 옴부즈만 제도가 제 역할을 할 수가 없는 만큼 받아들이기 어렵겠지만 이런 것을 수용할 때만이 군 인권 개선이 될 것이다"라고 군인권보호관을 국방부외에 두는 방안의 수용을 촉구했다.

윤후덕 위원은 "국방부내에 설치하는 것이 바람직"하다는 결론을 국방부가 낼 것이면 민관군 혁신위와 국회 특위를 열겠느냐고 따졌다. 윤 위원은 즉석에서 "국회에서 여당과 야당이 협의해서 좋은 제도를 정하면 그것에 따르겠다"라는 답변을 요구하기도 했다.

국방부는 군 인권개선의 백미이면서도 민감한 두 가지 주제, 즉 군사법원 폐지와 국방부외 옴부즈맨제도 도입을 미루는 주된 이유로 국회 국방위원회와 법사위원회에 관련 예산과 법령이 계류되어 있다는 설명을 늘어놓았다.

이에 대해 정병국 위원장은 회의 말미에 "(여야 합의로 만든 특위야 말로) 국방위원회나 법사위에서 논의하는 과정 속에서 계속 이견들이 있어서 해결하지 못했던 점들을 (공통 의견으로) 도출해 내면 그것을 여야 당 지도부 간의 합의에 의해서 당론을 확정할 수가 있는 것"이라며 "그렇기 때문에 (국방부가) 역으로 활용을 할 수도 있고 그래서 특위가 있는 것"이라고 일침을 놓았다.

2015. 2. 26
군 옴부즈만 도입 소위원회가 위원장인 황영철 의원을 비롯하여 윤후덕, 이학영 의원, 국방부 관계자 및 관련 전문가들이 참석한 가운데 군 옴부즈만 제도 도입의 효율적 방안을 논의하고 있다.

특위위원 핫! 인터뷰 – 김용남 위원

김용남 의원은 공군 법무관으로서 군 생활을 마쳤다. 그 경험을 바탕으로 그의 군사법제도에 대한 견해, 그리고 이스라엘 방문기 등을 들어보았다.

Q 검사 생활을 한 만큼 군대 내 사건사고, 군 사법제도 민간이양 등을 바라보는 시각도 남다를 것 같다.

A 아무래도 법조인 출신이고, 군법무관으로 복무한 경험도 있어 군 사법제도에 대해 많은 관심을 가졌다. 군사법제도 개선 소위원회 위원으로 공청회 개최 등을 통해 다양한 의견을 수렴하고, 열띤 토론의 과정을 거쳤다. 특별법원으로서 군사 법원은 평시에 더 이상 존재 이유가 없다고 생각한다. 평시 군사법원은 폐지시키고, 민간법원으로 넘겨야 한다. 어차피 전시에는 전시 관계 법령에 따라 모든 국가·사회 체계가 전시 체제로 바뀐다. 평시 군사법원의 폐지는 세계적인 추세이기도 한데, 중국과 긴장관계에 있는 대만도 작년에 군대내 사건에 대한 불공정한 처리로 국민적 공분을 야기하여 폐지된 바 있다. 전문성과 독립성이 확보된 판사에 의해 공정한 재판을 받을 수 있어야 우리 군대가 국민으로부터의 신뢰를 다시 회복할 수 있다.

Q 평시에 군사법원이 따로 존재하지 않으면
전시에 갑자기 준비할 수 있겠느냐는 의견도 있다.

A 지금도 평시 군사법원은 전시와는 다른 체계이다. 전시 체계는 계획상 존재하는 편제다. 군사법원 재판의 역할은, 우리나라에서 전쟁이 벌어지면 그 전쟁이 얼마나 지속되겠나? 사실상 그 기간 동안 재판할 일은 많지 않을 것이다. 그리고 군 수사기관까지 다 없애자는 게 아니다. 군 수사기관이 남아있기 때문에 전시가 되면 탈영병 등 군 관련 사건은 얼마든지 군 수사기관에서 수사를 진행하고, 전시관계 법령에 의해 편성되는 군사법원에서 재판을 받으면 되는 것이다. 지금도 모든 공무원 체계가 그렇지 않은가. 이렇게 근무를 하다가

도 전시에는 각자 배치되는 곳이 다르다. 1년에 한번씩 도상훈련을 하고 있다. 대표적으로 예비군 동원훈련도 전시를 위해 1년에 1번, 2박3일로 운용되고 있다. 전시를 위해서 평시에도 군사법원을 계속 유지해야 한다는 것은 현재 군사법원이 야기하고 있는 문제들에 비해 얻을 수 있는 효과가 극히 적어 비합리적이라고 본다.

Q 병영 특위 활동 중 가장 기억에 남는 순간이 있다면?

A 이스라엘 군부대를 방문했을 때가 떠오른다. 언뜻 봐서는 우리의 60, 70년대 아무렇게나 지은 막사에 침대만 갖다놓은 것 같은 환경인데, 현지 장병들은 아무도 개의치 않았고 오히려 보기 드물게 늠름하고 당당하던 모습이 인상 깊더라. '시설이나 환경이 정답은 아니구나' 하는 생각이 들었다. 우리의 경우 기성세대가 생각하는 병영문제에 대한 접근법이 잘못됐다는 것을 깨달아야 한다. 이를테면 기존에 군대 내 왕따 문제, 가혹행위 등 문제가 생겼을 때 집에 바로 전화할 수 있도록 휴대폰을 나눠줘야 한다는 주장이 있었다. 하지만 사실 우리 장병들 가운데에는 휴대폰 지급을 원하지 않는 장병들도 많다. 본인의 편안함을 추구하는 게 아니라 정말 대의적으로 생각하는 장병들이 있는 것이다. 군대는 문제가 많으니 일괄적으로 휴대폰을 나눠주자는 것은 우리 젊은 이들이 어떻게 사고하고 있는지 모르기 때문에 나온 이야기다. 성인인데 본인의 불편함이 있다고 집에, 어머니에게 전화하게 만든다는 발상 보다는 보다 근원적인 접근이 필요하다. 단지 전화가 없어서 신고를 못 하는 게 아니라, 휴대폰이 있어도 말할 수 없기 때문에 신고가 없는 경우가 있을 수 있다. 말할 수 없는 사정, 근본적인 문제 개선을 위해 이런 현실에 대해 좀 더 깊이 생각해 봐야 할 문제이다.

2015. 1. 8
김용남 의원이 공군 제17전투비행단을 방문해 병사들로부터 병사자치위원회에 대한 이야기를 듣고 있다.

특위장 들여다보기
- 제5차 전체회의

- 정성호 위원

양주·동두천 출신의 정성호 위원입니다.

장관님 수고 많으십니다. 언론에 나온 몇 가지 구절을 일단 인용해 보겠습니다. 대한민국에서 가장 보수적인 언론의 디지털뉴스본부장이라고 하는 분이 쓰셨던 칼럼입니다. 제목은 "아군에게 총 쏘고 폭탄 던지는 利敵 군인들", 소제목이 '국방비를 북의 33배 쓰고도 전력은 북의 80% 수준인 이해 못할 수수께끼 풀렸다. 뇌물 금액 흥정까지 하는 부패 간부들의 이적행위 군에 맡겨 놓을 단계 지났다' 이런 소제목 하에 중간에 조금 이렇게 얘기했습니다. '어디서 구멍이 났을까, 잇따르는 군 간부 비리가 해묵은 미스터리를 조금은 설명해 주었다'

그러고 나서 그 결론이 뭐냐, '이유는 간단하다. 현역 군인은 군사 법정이라는 그들만의 리그로 보호받기 때문이다. 군 검찰은 동료 장성들을 대충 기소하고, 군 법원은 솜방망이 선고를 내린다. 군사재판이란 원래 군인 범죄를 더 엄중하게 처벌하려고 존재하는 제도이다. 그런데 어느 틈엔가 비리 군인들을 비호하는 그들만의 해방구가 되어 버렸다', 이게 대한민국 보수 언론의 뉴스본부장이 쓴 칼럼이에요.

제가 17대 국회 법사위원 했을 때, 그때부터 군 사법 개혁이 논의되어 갖고 10년째 똑같습니다. 정부의 답변 똑같아요. 장관님 답변도 똑같습니다. 언제까지 이렇게 두실 거예요?

정말 우리 군을 갖다가 언론에서 보기에 똥별들이 지휘하는, 패망 직전 월남군이라는 이런 소리를 듣는 군대로 만들 건지, 정말 이번에 환골탈태할 건지 저는 장관님 손에 달려 있다고 봐요. 더 이상 미뤄서는 안 됩니다.

군사법원 폐지가 시기상조라는 게 군의 여러 가지 임무의 특성이라든가 어떤 지휘권의 확립이라든가 여러 가지 말씀 하지만 대개 별로 그렇지 않습니다. 민간법원에 맡긴다고 해서 판사들이 모든 분야를 다 알고 전문적인 경험을 통해서 판사 하는 게 아닙니다. 보편적인 상식과 법과 원칙, 양심에 의해서 판단할 수 있는 문제입니다. 특히 평상시에는.

그런 데 의의를 두지 마시고 장관님께서 뭔가 새로운 어떤 변화를 꼭 만들어 주시기를 당부 드리겠습니다. 간단히 말씀하시지요.

- **정병국** 위원장
장관님. 답변하실 게 있으면 말씀하시지요.

- **한민구** 국방부장관
정성호 위원님. 제가 칼럼들을 다 읽었습니다. 치욕을 느꼈습니다. 그리고 내가 우리 군을 잘못 보고 있는 것인가 그런 생각도 해 봤습니다.

그러나 그분들의 말씀이 반드시 어떤 사실과 진실의, 우리 군의 깊이 있는 그런 것들을 다 보고서 하신 말씀인가...?

참, 조심스러운 말씀입니다마는 제가 저 자신을 자위하기 위해서 그렇게 생각을 하는지는 몰라도 그래도 저분들이 하시는 말씀처럼 우리 군이 그렇지는 않은 것이다. 어떻게 우리 군이 패망 직전의 월남군하고 비교가 되겠습니까?

저는 군을 책임지는 장관으로서 우리 군에 대한 신뢰를 가지고 있고 여기에도 잘못하는 장군도 있을 수 있고, 현실적으로 나타나고 있습니다마는 그러나 저희 군이 우리 대한민국의 여러 공조직 중에서 그래도 절대 다수의 간부들이, 장군들이 묵묵히 자기 임무에 헌신하고 또 정의를 위해서 자기의 지휘권을 행사하고 있다 저는 그렇게 생각하고, 부족한 점이 있다면 그런 점을 더 노력할 것이다 하는 점을 말씀드립니다.

〈부록 1〉

군 인권개선 및 병영문화혁신 특별위원회 특위 구성 및 활동 일지, 정책건의 및 향후과제(39개)

군 인권개선 및 병영문화혁신 특별위원회 구성 및 활동 일지

1. 위원 구성 (총17인)

구 분	교섭단체	위 원 명	비 고
위원장	새누리당	정병국	
위 원	새누리당 (9인)	황영철 간사 김용남 김종태 박명재 신의진 윤명희 이채익 홍철호	
	새정치민주연합 (8인)	정성호 간사 김광진 남인순 도종환 민홍철 백군기 윤후덕 이학영	

2. 직원 구성

직위(직급)	성 명	비 고
수석전문위원	성석호	국 방 위
전문위원	권기원	〃
입법조사관(3급)	임명현	〃
〃	김남곤	〃
입법조사관(4급)	김태규	〃
〃	이동훈	보건복지위
〃	이주연	법 사 위
입법조사관(5급)	강건희	국 방 위
〃	최미경	〃
〃	송민경	여 가 위
〃	하상우	교 문 위
입법조사관보(7급)	임진표	국 방 위
주 무 관	조재분	〃
〃	송경희	〃
〃	이미선	〃

3. 소위원회 구성

소위원회명	소 위 원	
	새누리당	새정치민주연합
군 사법체계 개선 소위원회	김용남	▲ 민홍철 정성호
군복무 부적격자 심사 및 부적응자 관리체계 개선 소위원회	▲ 신의진 윤명희	김광진
군 성폭력 대책 및 군의료체계 개선소위원회	박명재 이채익	▲ 남인순
병영문화혁신을 위한 장병교육체계 개선 소위원회	김종태 홍철호	▲ 도종환 백군기
군 옴부즈만 제도 도입 소위원회	▲ 황영철	윤후덕 이학영

▲ 는 소위원회 위원장

4. 전체회의 일지

차수	일시 및 장소	회 의 내 용
제329회국회 (정기회) 제1차	2014. 11. 10.(월) 국방위 회의실 (본관 419호)	- 위원장 선임 : 정병국 위원장(새누리당) - 간사 선임 : 황영철 위원(새누리당) 　　　　　　정성호 위원(새정치민주연합) - 위원회 운영의 건
제329회국회 (정기회) 제2차	2014. 11. 13.(목) 국방위 회의실 (본관 419호)	- 업무현안보고(국방부) 　· 민 · 관 · 군 병영문화혁신위원회 활동 경과 　　(국방부 보고)
제329회국회 (정기회) 제3차	2014. 11. 17.(월) 국방위 회의실 (본관 419호)	- 업무현안보고 　· 민 · 관 · 군 병영문화혁신위원회 활동 경과 　　(민 · 관 · 군 병영문화혁신위원회 각 분과별 보고)
제329회국회 (정기회) 제4차	2014. 11. 19.(수) 국방위 회의실 (본관 419호)	- 업무현안보고(미래창조과학부, 교육부, 행정자치부, 문화체육관광부, 보건복지부, 여성가족부, 법원행정처) 　군 인권개선 및 병영문화혁신 관련부처 업무현황 보고

제330국회 (임시회) (폐회중) 제5차	2015. 1. 29.(목) 국방위 회의실 (본관 419호)	- 「민·관·군 병영문화혁신위원회」 권고안에 대한 국방부 검토결과 보고 - 소위원회 구성 · 군 사법체계 개선 소위원회 등 5개 소위원회
제332회국회 (임시회) 제6차	2015. 4. 8.(수) 국방위 회의실 (본관 419호)	- 군 인권개선 및 병영문화혁신을 위한 정책개선과제 논의 · 소위원회 활동 경과보고 · 협업부처 의견 보고(국방부, 교육부, 미래창조과학부, 행정자치부, 문화체육관광부, 보건보지부, 여성가족부)
제332회국회 (임시회) 제7차	2015. 4. 30.(목) 국방위 회의실 (본관 419호)	- 군 인권개선 및 병영문화혁신을 위한 정책개선과제 논의 · 1차 개선 과제 의결, 특위 공식안 채택
제333회국회 (임시회· 폐회중)제8차	2015. 6. 4.(목) 국방위 회의실 (본관 419호)	- 군복무 부적격자 심사 및 부적응자 관리체계 개선을 위한 공청회
제334회국회 (임시회) 제9차	2015. 6. 10.(목) 국방위 회의실 (본관 419호)	- 군 인권보호관(군 옴부즈만) 설치방안 마련을 위한 공청회
제334회국회 (임시회) 제10차	2015. 6.23.(화) 국방위 회의실 (본관419호)	- 군 사법체계 개선 방안 마련을 위한 공청회
제335회 국회 (임시회) 제11차	2015.7.8(수) 국방위 회의실 (본관419호)	- 군 인권개선 및 병영문화 혁신을 위한 정책개선과제 논의
제335회국회 (임시회) 제12차	2015.7.24(금) 국방위 회의실 (본관419호)	- 활동결과보고서 채택의 건 - 군 인권개선 및 병영문화 혁신 과제의 조속한 이행촉구결의안 채택의 건

5. 주요 현장 활동

▶ 민·관·군 병영문화혁신위원회 간담회

- 일시 : 2014. 12. 3.(수)
- 장소 : 의원회관 의원식당
- 참석자(8인)
  · 특위 위원 : 정병국 위원장, 김용남, 백군기, 신의진, 김종태, 송영근, 민홍철·정성호 위원
  · 병영혁신위 : 여인택, 양욱, 김경선, 박찬구, 제성호, 신인균, 김종대 위원, 이윤석 상병
- 주요활동
  · 군 인권 및 병영문화혁신 관련 현 실태 점검 및 향후 운영방향 논의

▶ 각군 장성 간담회

- 일시 : 2014. 12. 8.(토)
- 장소 : 공군회관
- 참석자:
  · 특위 위원 : 정병국 위원장, 정성호, 김용남, 김종태, 남인순, 민홍철, 백군기, 송영근, 신의진, 이상규, 이채익, 홍철호 위원
  · 각군 장성 : 각군 참모차장(3명), 각군 인참부장(3명), 해병대 부사령관, 소·준장급 장성 (10명: 육군5, 해군2, 해병대1, 공군2)
- 주요활동
  · 각군 주요 장성 건의사항 청취

▶ 그린캠프 등 방문 및 점검

- 일시 : 2014. 12. 10.(수)
- 장소 : 5군단(그린캠프), 3사단(GOP등)
- 참석자(4인)

· 정병국 위원장, 김용남, 이채익, 이상규 위원
- 주요활동
  · 5군단 그린캠프 운영현황 점검, 지휘관·관계자 등과의 간담회를 통한 그린캠프 문제점 및 개선방안 도출
  · 해체·이전 대상 부대 시설 점검(3사단 전차대대)
  · 격오지(3사단 18연대 1대대 GOP) 근무실상 확인 및 장병 격려, 과학화 경계시스템 설치 현황 점검 및 개선방안 도출

▶ 병무청·국군수도병원 현장 방문

- 일시 : 2014. 12. 22.(월)
- 장소 : 서울지방병무청, 국군수도병원
- 참석자(5인)
  · 정병국 위원장, 김용남, 송영근, 신의진, 남인순 위원
- 주요활동
  · 징병검사 브리핑 청취 및 징병검사 코스별 견학, 현역복무 부적합자 군 입대 차단 권고안에 대한 애로사항 유무 확인
  · 수도병원 추진업무 애로사항에 대한 브리핑 청취, 군 의료체계에 대한 통합적인 개선방안 논의

▶ 1군 사령부 병사 간담회

- 일시 : 2015. 1. 7.(수)
- 장소 : 육군제1군사령부
- 참석자(3인)
  · 정병국 위원장, 황영철, 김용남 위원
- 주요활동
  · 1군사령부 도서기증식 행사 참석 및 장병 독서실태 현황 파악 및 향후 독서습관 증진 방향 논의

▶ 공군 17전투비행단 · 육군 부사관학교 · 육군 훈련소 운영실태 및 현장 확인
- 일시 : 2015. 1. 8.(목)
- 장소 : 공군 17전투비행단, 육군 부사관 학교, 육군 훈련소
- 참석자(3인)
  · 정병국 위원장, 김용남, 이채익 위원
- 주요활동
  · 17전투비행단 병영시설, 운영에 대한 설명 · 토의, 조종사 및 장병 간담회
  · 육군 부사관학교 교육체계, 애로사항 등 청취
  · 육군 훈련소 운영실태 및 현장 확인, 훈련병 교육 체계 · 애로사항 등 청취

▶ 병영문화 개선을 위한 국민토론회

- 일시 : 2015. 1. 13.(화)
- 장소 : 연세대학교 신촌캠퍼스 공학원 대강당
- 참석자(7인)
  · 정병국 위원장, 김용남, 도종환, 이채익, 홍철호, 신의진, 남인순 위원
- 주요활동
  · 국방부 및 군의 인권개선 노력의 문제점 파악, 병영문화 개선목적 및 방향 논의
  · 장병 심리 상담, 군 내부의 소통활성화, 가정 · 학교 · 사회의 연계를 통한 문제해결, 장병복지 개선 등 군 인권개선 및 병영문화혁신 방향 논의, 군 옴부즈만 제도 도입 방향 논의

▶ 해외 선진 군 인권 보장 및 병영문화 혁신 사례 조사

- 방문기간 : 2015. 2. 10.(화) ~ 2. 15.(일) [4박 6일]
- 방문국 : 이스라엘, 영국
- 방문단 : 정병국 위원장, 김용남, 신의진 위원
- 주요활동
  · 이스라엘 주요 사례
    △ 징집 및 신병훈련 측면에서의 강한 동기부여 및 훈련병에 대한 세심한 관

찰·평가, 병의 외부소통 기회 확대, 자율성 부여, 군 부적응자에 대한 적시 상담서비스 제공, 범죄 신고자 보호 신고시스템 구축, 성범죄 가해자에 대한 강력한 처벌, 전역 후 사회적 활용까지 고려한 징병 및 인재양성
· 영국 주요 사례
　△ 병영문화 측면에서 개개인의 중요성에 대한 인식 고취와 내재화를 위한 교육실시, 다문화가족 출신에 대한 배려, 범죄 신고자 보호 신고시스템 구축, 군 지휘체계에서 독립된 군 사법시스템 구축

군 인권개선 및 병영문화혁신 특별위원회 정책건의 및 향후과제(39개)

1. 군 사법체계 개선 분야

(1) 군사법원 폐지 권고

■ 필요성 및 기대효과
- 현행 군사법원은 국방부 산하의 특별법원 형태로, 사법권·행정권을 함께 가진 조직은 '군'이 유일
- 군사재판의 독립성·공정성 등에 대한 국민의 불신 팽배
- 전시를 위한 별개 법률이 존재하므로 병력 통제를 위해 군사법원을 평시에 군대 내 둘 필요성 결여
- 군사재판의 독립성 및 형평성을 확보하고 장병들의 인권침해 구제를 위하여 군사법원을 일반 사법체계로 편입시켜 군사재판에 대한 국민의 불신 해소 및 헌법상 기본권인 법관에 의한 재판을 받을 권리 실효성 제고 필요

■ 조치사항
- 현행 특별법원(국방부 산하)으로서의 군사법원을 폐지하고, 이에 따른 군사법원 설치는 다음의 방안을 검토

가. 일반법원(사법부 산하)의 특수법원으로서 군사법원을 두는 방안
　　나. 지방법원 합의부에 군사부를 설치하는 방안
　　※ 현행 군사법원을 존치하되, 군사법원 설치기준을 조정하고 운영방식을 개선하자는 소수의견이 있음.

(2) 관할관 제도 및 확인조치권 폐지

- ■ 필요성 및 기대효과
- 현 관할관은 수사 단계에서부터 기소 및 재판부 구성, 판결 확인까지 광범위한 권한을 보유
- 사법권에 대한 행정권의 지나친 간섭 및 양형 불균형 초래, 관할관 확인조치권 행사의 98%가 원 판결 확인으로 감경권 의미 퇴색
- 관할관제도 폐지를 통해 재판의 독립성 및 형평성 확보를 통한 군사재판의 신뢰성 확보에 기여

- ■ 조치사항
- 군사법원의 폐지와 더불어 관할관 제도 및 확인조치권 폐지

(3) 심판관 제도 폐지

- ■ 필요성 및 기대효과
- 군사법원 재판관의 일부를 법조인 자격이 없는 일반장교가 맡음
- 법관에 의한 재판 받을 권리 및 평등권 침해, 재판의 공정성 훼손 우려
- 헌법이 보장한 법관에 의한 재판을 받을 권리 강화 및 판결의 신뢰성□ 공정성 확보

- ■ 조치사항
- 심판관 제도 폐지

(4) 군 검찰 및 군 사법경찰 제도 운영 개선

- ■ 필요성 및 기대효과
- 군 검찰 및 사법제도 운영에 있어 독립성, 전문성, 투명성 및 공정성에 대한 국민적 요구 증대
- 국민의 신뢰 회복을 위한 방안 모색 필요

- ■ 조치사항
- 공정성 침해가 우려되는 사건(지휘관 친분관계, 주요 직위자 관련 등)은 상급 검찰부로 관할이전 의무화
- 군검찰관이라는 호칭을 '군검사'로 변경
- 군 사법경찰관의 지휘관으로부터의 독립 강구 및 초동수사 개선
- 국방부 검찰단장을 장관급이상으로 격상
- 변호인 접견실이 없는 등 현 군사법원과 육군교도소 시설 개선
- 군 검찰의 전문성 향상을 위해 보직관리와 교육프로그램 마련

2. 군복무 부적격자 심사 및 부적응자 관리체계 개선 분야

(1) 현역복무 부적격자 DB를 활용한 입대 차단 시스템 구축

- ■ 필요성 및 기대효과
- 현재 현역복무 부적응자에 대한 자료관리가 체계적으로 이루어지지 못하고 있음.
- 현역 복무 부적응자에 대한 양태를 병무청의 징병검사에 피드백 필요
- 현역복무 부적격자 DB를 활용한 입대사전차단 시스템 구축으로 병무청의 징병검사시 현역복무 부적격자 입영차단의 정확도 향상 기대

- ■ 조치사항(국방부, 병무청)
- 국방부는 각 군의 현역복무 부적합자에 대한 DB를 구축하여 병무청에 제공
- 병무청은 각 군 DB와 연동하여 현역 복무 부적격자의 법적·제도적 입대 차단 시스템 구축 운영

(2) 종전 1년에서 6개월로 단축된 정신질환 경력 기간 재검토

- ■ 필요성 및 기대효과
- 현역입영 대상자 판정시 정신질환 5급(제2국민역) 판정 심사대상을 정신질환 치료경력 1년에서 6개월로 단축하였으나 병역회피 악용 가능성 상존
- 치료경력 단축에 따른 문제점 파악 및 병역 면탈자 발생 방지 필요

- ■ 조치사항(국방부/병무청)
- 정신질환 관련 병역면제자 DB를 구축하여 추적관리
- 정신질환으로 인한 5급판정 인원 및 병역회피자 현황 등을 파악, 문제점 있을 시 「징병 신체검사 등 검사규칙」 개정

(3) 현역복무 부적격자 선별 강화 방안 강구

- ■ 필요성 및 기대효과
- 부적응자로 인해 발생하는 각종 사고의 예방을 위해 복무부적격자의 입영을 사전에 차단할 필요가 있음
- 심리검사 도구 개선 및 인력 증원 등을 통한 정밀검사 체계 구축 필요
- 병사들 간 인권침해 예방 및 밝은 병영문화 형성에 기여할 것으로 기대

- ■ 조치 사항(국방부,병무청)
- 민간 전문가 참여를 통한 과학적이고 객관적인 심리검사 도구 개발 및 검증
  * 참여 민간 전문가 : 대한신경정신의학회 추천 전문가, 뇌신경과학자, 인지과학자 포함
- 현역복무부적격자 입대 차단을 위한 전문 인력 증원
  - 2차 심리검사 인력(임상심리사) 증원
  - 정신과 징병전담의사 증원
  ※ 국방부 인원 배정 및 기재부 예산 반영 필요(3억7천만 원, 10명×3천7백만원)
- 입영신체검사 기간 연장(5일→7일) 및 동일질병 재귀가 금지 관련 병역법 규정 개정

(4) 체계적이고 과학적인 그린캠프 운영

- ■ 필요성 및 기대효과
- 그린캠프는 사고위험이 있는 병사를 사고예방 차원에서 보내는 것이 아니라, 복무부적응 병사의 정신건강 증진을 위한 프로그램으로 개선 필요
- 그린캠프 입소 전·후의 변화에 대한 연구나 객관적인 평가도구가 요구됨
    * 입소사유 및 증상 척도 평가, 정기적인 평가 및 설문을 통한 캠프 만족도 평가
- 복무부적응 병사가 내무반 생활을 유지하면서 적응해 나가는 시스템 연구가 필요
- 체계적이고 과학적인 캠프운영으로 복무 부적응자에게 실질적인 도움을 제공 기대

- ■ 조치사항(국방부)
- 그린캠프를 통합하고 입소자의 상태를 고려한 맞춤형 치유프로그램 개발을 위한 연구용역 수행
    * 연구위원 구성 : 민간 정신과의사, 상담학회 박사, 대학교수, 군내 전문가 등
    * 연구방향 : 그린캠프지역별 통합 방안 및 입소자의 상태를 고려한 맞춤형 프로그램 개발
- 그린캠프 입소 전·후의 변화에 대한 연구나 객관적인 평가도구 개발 및 지속적인 프로그램 개선
    * 입소사유 및 증상 척도 평가, 정기적인 평가 및 설문을 통한 캠프 만족도 평가
- 복무부적응 병사가 내무반 생활을 유지하면서 적응해 나가는 시스템 연구
    ※ 다부처 협력연구사업으로 추진(국방부, 문체부, 교육부, 복지부)
    ※ 대한신경정신의학회와 한국임상심리학회의 전문가 의견 수렴

(5) 군 정신건강의학과 군의관의 그린캠프 순환근무 도입

- ■ 필요성 및 기대효과
- 정신과 군의관이 그린캠프의 군 복무 부적응자를 직접 관찰함으로써 정신질환 고위험군 식별 및 치료 필요
- 군 복무부적응자 임상자료 축적 및 효과적 치료기대

■ 조치사항(국방부)
• 정신건강의학과 군의관의 그린캠프 순환근무를 위한 관련 규정보완 및 정신과 군의관 인력 보강

(6) 복무 부적응병사 치유프로그램 시범운영

■ 필요성 및 기대효과
• 現 그린캠프 치유프로그램의 전문성 향상을 위해 프로그램 개선 필요
• 그린캠프 입소인원을 대상으로 전문가에 의한 치유프로그램을 제공함으로써 자대에서 건강한 군생활을 할 수 있도록 지원

■ 조치사항
• 그린캠프 내에 집중 치유프로그램 시범운영(보건복지부–국방부 협업)
 – '16년에 4개월 내외의 시범 운영(필요시 기간 연장 가능)
 – 향후 지속적인 치유프로그램 운영을 위한 연구 병행
• 입대전 및 전역후 정신적 치유가 필요한 인원을 치유하는 시스템 개발(보건복지부)

3. 성폭력 근절 종합대책 분야

(1) 군 성폭력 실태조사 정례화

■ 필요성 및 기대효과
• 정확한 실태조사를 바탕으로 성폭력 근절을 위한 정책방향 설정, 과제 도출 가능
• 관계부처 및 외부전문가와의 협업을 통해 신뢰성 있는 실태조사 정례화 검토 필요

■ 조치사항(국방부, 여성가족부)
• '15년 군 성폭력 실태조사 추진(국방부)
 * 표본집단 구성 시 전역 3년 이내 여성을 추가하여 실태조사의 실효성 제고
• '16년 성폭력 피해 실태조사, 향후 3년 단위 실태조사 정례화(여성가족부)

(2) 성폭력예방 전담조직 마련

■ 필요성 및 기대효과
- 성폭력 예방 관련 제 기능을 통합·운용할 수 있는 시스템 미비
- 통합 전담조직 마련을 통해 남·녀군 성폭력 예방 및 피해자 보호를 위한 체계적 대응

■ 조치사항(국방부)
- 국방부 '성폭력 예방·대응' 조직 편성
- 육/해군 법무기능 포함 「양성평등센터」 개설

(3) 성인지력 향상 교육 확대·강화

■ 필요성 및 기대효과
- 성인지력 향상 교육을 위한 군내 교육 인프라 미흡 및 현행의 대규모 강의 위주 주입식 교육 및 연 1회 소집교육(3시간)으로는 성인지력 체득 제한
- 신고·접수·수사·재판과정에서 담당자들로부터 2차 피해를 받는 경우 발생
- 내실있는 성인지력 교육을 통한 성인식 의식전환 및 성폭력의 특성 이해, 전문성 강화를 통한 2차 피해 예방

■ 조치사항(국방부, 여성가족부 등)
- 관련부처 협업을 통한 성인지력 향상 교육 인프라 구축
    - 교육컨텐츠 공동개발·활용
    - 우수 전문강사 확보를 위한 대책 마련
- 토론형 성인지력 강화 교육 확대
    - 법령 개정 : 교육 분기 1회 의무화, '소규모 단위 사례 중심의 토의식' 교육으로 전환 확대
        ① 국방인사관리훈령 개정(국방부)
        ② 성인지 향상 및 성폭력 예방교육 지침 개선(국방부)
    - 성인지력 교육 확대(국방부, 여성가족부)
- 수사·재판 담당자 성인지력 향상 교육 실시

- 수사관·판사·검찰관 등 수사·재판 담당자 대상 교육실시(국방부)
    * 강사 확보 : 법무부, 경찰청, 여성가족부 협업
- 교류와 소통을 통한 전담인력 직무역량 강화(여성가족부)
    · 슈퍼비전 프로그램, 직무역량 강화교육추진(반기 1회)
    · 민·관·군 통합 워크숍 개최로 사례 공유, 네트워킹 구축

(4) 성폭력 가해자 제재 강화 및 외부전문가 징계위원회 참여

■ 필요성 및 기대효과
- 성폭력 가해자에 대한 강화된 처벌 및 복지혜택 등 제한을 통하여 경각심 고취 필요
- 징계위원회 군내 자체 진행으로 인한 신뢰성 확보 부족 문제를 해결하기 위하여 외부전문가 참여 제도 마련으로 징계위원회의 공정성 확보 및 피해자 권리보장 강화 기대

■ 조치사항(국방부, 여성가족부 등)
- 법령 개정
    - 제대군인 지원에 관한 법률 개정 검토(국방부)
        * 제대군인 복지혜택 박탈 추진, 군 복지시설 이용, 군인공제 우선공급 주택 등 지원 제한 등
    - 군 인사법 개정 검토(국방부) : 국가공무원법 개정 시 연계
        * 형사처벌 결과를 반영한 임용 결격사유 강화, 성범죄로 인한 벌금형 이상시 당연퇴직 추진 등
    - 징계훈령(가해자 처벌 징계양정기준)의 실제적 강화(국방부)
- 모든 성폭력 범죄자에 대한 'One-Out' 제도 즉시 시행(국방부)
    - 현역복무부적합 심의대상에 포함, 군에서 퇴출 원칙
    - 형사처벌과 병행하여 징계위원회 반드시 개최
- 외부전문가 징계위원회 참관 및 의견 개진 제도 마련
    - 징계업무처리훈령 개정(국방부)
    - 외부 전문가 Pool 구성 및 지원(여성가족부)
    - 외부 전문가 초빙예산 확보(국방부, 법무부)

(5) 각 군 사관학교 성인지 및 양성평등·인권교육 정규과목 편성

■ 필요성 및 기대효과
- 장교 배출을 위한 장기 교육기관인 각 군 사관학교에서부터 체계적 교육을 실시함으로써 장교들의 성인지력 제고에 기여

■ 조치사항(국방부, 교육부)
- 교육과목 추가 편성 협의(국방부, 교육부)
- 교육기관 정규과목 편성을 위한 교관 편성 등 검토(국방부)

(6) 인사관리제도 개선을 통한 권력형 성폭력 예방

■ 필요성 및 기대효과
- 장기복무 선발 시 상관의 지휘추천배점 제도로 인하여 상관의 권력 오·남용 가능성 및 성폭력 피해자의 대처가 취약할 수밖에 없는 구조적 한계 존재
- 인사관리제도 개선을 통해 장기복무 등 취약계층에 대한 권력형 성폭력 감소 기대

■ 조치사항
- 관련지침 개정(국방부)
    - 장기복무 선발 시 지휘관 배점 비율 축소
    - 부대별 심의위원회 구성, 위원회에서 결정된 등급 부여방식으로 개선
    - 여군의 3년차 복무연장은 선발에서 적(適)·부(否) 심의로 변경

(7) 전문조력인 확대 등 성폭력 피해자 보호 강화

■ 필요성 및 기대효과
- 현행 피해자 보호 제도는 보직조정·휴가조치 등 소극적인 보호에 국한되어 한계 존재
- 복무여건 보장을 위한 지속 관리 및 전문조력인 확대로 피해자 보호강화

■ 조치사항(국방부)

- 법령 개정
  ① 인사관리훈령 개정
  − 신고접수 즉시 공간적 분리, 수사종료 후 '가해자 인사적 분리'를 원칙으로 하되, 피해자 의사 우선 고려
  ② 군 인사법 및 군인복무규율 개정
  − 성폭력 피해자 휴직 신설·청원휴가 확대 및 인사상 불이익 금지
- 처리 전(全) 과정 전문조력인 확대
  − 접수와 동시 멘토 지정, 조력 및 심리적 안정 유도
  − 수사·검찰관·국선변호인 선임시 피해자 의사 고려 여성 우선 선정
- 증인지원관 제도 실효성 확보 및 활성화

(8) 성폭력 범죄 전담수사관 및 전담검찰관 도입

■ 필요성 및 기대효과
- 성폭력 범죄에 대해서는 전담 수사관과 전담 검찰관이 처리하도록 함으로써 군대 내 성범죄에 대한 전문적 처리 필요

■ 조치사항(국방부)
- 성폭력 범죄 전담수사관 및 전담검찰관 도입

4. 의료체계 개선 분야

(1) 군 병원 기능 및 군 의료 진료과목 조정

■ 필요성 및 기대효과
- 군 의료에 대한 불신으로 현역병의 민간병원 진료 의존도는 지속적으로 증가함에 따라 군 병원의 전문분야 집중 육성 필요
  * 현재 민간병원 진료건수는 군병원 진료건수의 40.9%, 군 의무예산의 20%
- 군 병원 기능 및 진료과목 조정 등「선택과 집중」을 통한 군 의료 수준 향상을 통해 장병 진료권 보장

- ■ 조치사항(국방부)
- 군 병원 기능 조정 계획 수립 · 시범사업 추진 후 그 결과에 따라 확대 시행
  * 상급종합병원(1), 종합병원(3), 정양병원(6), 특수목적병원(5)으로 기능 구분
- 군 특성에 맞는 필수 전공과목 도출(연구용역 실시)
  * 군병원 기능 조정 및 부대 내 다발성 질환 등의 실태를 고려하여, 군 의료체계 내 필수운용 진료과목 도출 → 그 외 진료과목은 민간병원 진료 위탁 실시
- 군 병원 기능 및 진료과목 조정에 따른 군 의료인력 재배치

(2) 장기군의관 임상전담 직위제도 도입

- ■ 필요성 및 기대효과
- 현재 장기 군의관들의 상당인원이 병원의 정책직 및 행정직 업무를 수행함에 따라 진료시간 부족으로 임상진료의 현장에서 진료의 질을 높이는 활동 저조
  * 현재 장기군의관 88명중 관리직은 32명 (정책직 18명, 병원장직 14명), 임상직은 46명, 교육 등 10명
- 임상전담직위와 행정전담직위를 이원화하여 군 의료 전문성 제고 및 장기복무 지원 활성화 기대

- ■ 조치 사항(국방부)
- 임상전담직위 군의관의 효율적 운영방안 마련(연구용역 실시)
- 연구용역 후 인사관리 규정 및 군의관 직제 등 관련 규정 정비

(3) 군병원 전공의 정원 확대 및 수련프로그램 마련

- ■ 필요성 및 기대효과
- '16년부터 군병원 전공의[1] 정원은 연 20명 수준으로 확대될 계획이나, 현재 보건복지부는 수련병원(수도병원 포함)의 전공의 정원을 연차적으로 축소할 계획으로 정원 확보 애로 예상

---

[1] 전공의 : 전문의 자격을 얻기 위하여 병원에서 일정 기간의 임상 수련을 하고 있는 의사 민간 의과대학(4년) → 인턴(1년) → 전공의(4년) → 전문의 의무복무(장기 10년 + 가산복무 9년)

* 2012년부터 확대(4명→20명)한 민간의대 위탁교육생이 '16년부터 군병원 전공의로 편입예정
* 2019년까지 매년 20명 수준 위탁교육인원을 유지하는 경우 2029년에는 소령직위 군의관(정원 : 267)[2]은 100% 장기군의관으로 충원 전망

연 도	'11년	'12년	'13년	'14년	'15년
위탁교육 선발인원	4	20	18	14	19

- 조치 사항(국방부/보건복지부)
- 군병원 전공의 정원을 별도정원으로 배정(보건복지부)
  * 총상·화상 등에 따른 응급수술과 군 특수의학 대응을 위해 외과계열 등 군 의료 특성에 맞는 전공과목 위주로 별도정원 확보
- 군병원에서 전공의 수련 실시[3](국방부)
  * 군 특성화가 필요한 주요 진료과목에 대해서는 군병원에서 수련 추진
  * 전공의 역량 달성을 위한 수련 프로그램 마련(보건복지부 협조)

(4) 의무부사관, 간호군무원 등 의료지원인력 확대

- 필요성 및 기대효과
- 의료지원인력 부족으로 의료서비스 질 저하
  * 군병원 및 사단급 의무대 임상간호 인력 부족
  * 사단급 이하 의무부사관 확보 저조 : 편제 대비 방사선사는 30%, 임상병리사는 34%가 보직수행
  * 대대/연대 의무대의 응급처치 관련 전문인력 부족 : 법적으로 군 보건의료인이 아닌 의무병이 간호조무 등의 역할 수행
- 인력충원이 어려운 의사중심의 고비용 구조를 실수요 충족 중심의 저비용 구조로 보완함으로써 군의료 수요충족 및 전문성 제고 필요

---

2) 소령이상 장기군의관 현황 : 편제는 267명이며 현원은 88명(33%)
3) 현재 군병원으로 배정된 전공의 임상수련은 대부분 민간병원에서 실시

■ 조치 사항(국방부)
- 현행 의무부사관 증원 및 민간대학 위탁교육 지속 확대
  * 장기복무 중사 이상 부사관 중 관련 전공학과 학위 취득자 등을 대상으로 전문대학 위탁교육실시
- 간호군무원 등 의료지원인력 증원계획 마련

(5) GP/GOP 응급의료체계 개선

■ 필요성 및 기대효과
- 의료체계가 열악한 GP, GOP 등 응급환자 발생시 대응능력 강화를 위해 효율적인 후송체계 구축 등 필요
- 응급환자의 의료접근권 개선 효과 기대

■ 조치 사항(국방부)
- GP/GOP대대 응급 의료인력 및 현장 응급처치 장비·물자 보강 * 응급구조사(부사관)를 GOP 중대에 보직 : 66명(22개 대대, 3개 중대) * GOP 초소에 의무병 보직 : 264명(22개 대대, 12명)
- 장병대상 심폐소생술 등 의무교육 강화
- 응급환자 후송 시 골든타임 확보를 위한 항공 후송 능력 확보
- 민·관·군 간 HOT-LINE 및 유기적 협조체계 구축

(6) 격오지 원격진료 타당성 검토

■ 필요성 및 기대효과
- 격오지 부대 근무 장병의 의료접근성을 향상하기 위해 원격진료 시범사업 추진
- GP 등 근무 장병의 경증질환 진료 및 상담, 대면진료 필요 여부 판단 등 24시간 의료서비스 제공 가능

■ 조치 사항(국방부)
- 시범운영 후 원격진료의 타당성 평가결과에 따라 원격진료사업 확대여부 결정할 것
  * 환자 만족도, 운영 상 문제점 등을 평가하여 사업의 타당성을 검증

5. 장병교육체계 개선 분야

(1) 병 비전설계 상담 및 리더십 교육

- ■ 필요성 및 기대효과
- 의무복무기간 동안 자기계발 기회를 살려 보람있는 병영생활 지원을 위해 입대 초기 신병들을 대상으로 군 복무기간 동안 비전설계 상담 필요
- 병 복무단계별 맞춤형 리더십 프로그램 시행을 통한 능동적·적극적 군 생활 유도
- 군 복무 중 자기계발 및 리더십 교육을 통해 제대 후 사회와 단절을 극복하고 군에 대한 자긍심 고취에 기여

- ■ 조치사항(국방부)
- 입대 신병 대상 군복무중 비전설계 상담프로그램 개발 및 시행
- 신병 리더십 교육, 자대복무간 인성교육, 분대장 리더십 교육 등 복무 단계별 리더십 프로그램 개발 시행

(2) 간부 리더십 교육 확대 시행

- ■ 필요성 및 기대효과
- 제대별 지휘관(자) 리더십 개발을 통한 부대 지휘능력 향상
- 초급간부들의 솔선수범 및 병사들과 소통능력 증대로 안정적인 부대관리 가능

- ■ 조치사항(국방부)
- 각 군 양성·보수교육 시 리더십 교육 확대 시행
- 육군 리더십센터 내 인성개발처 신설
- 육군 전장리더십 훈련장 설치

(3) 부대정신 함양을 통한 군 복무 자긍심 고취 대책 강구

- ■ 필요성 및 기대효과
- 부대별 애대심 고취, 병 사생관 견지로 군 복무의욕 고취

- 조치사항(국방부)
- 부대영웅(Army Legend), 전쟁영웅 기념일 지정, 전역자 부대초청행사 등 부대별 애대심 고취방안 강구
- 스토리텔링 및 자랑거리 만들기, 전입신병 신고시 부대역사 소개체계 구축 등 부대 역사성 제고를 위한 방안 강구
  * 부대별 홈페이지 등 선정내용 게시 및 홍보

(4) 인성 · 인권 · 정신교육 등을 포괄 연계 교육

- 필요성 및 기대효과
- 리더십, 임무형지휘, 병영상담, 인성 · 인권 · 정신 · 군법 · 안보교육, 군대윤리, 지휘훈육, 군인복무규율, 안전문화, 성인지력 등 다양한 분야에서 필요한 교육을 프로그램화하여 효율적으로 교육
- 집중교육을 통한 장병 의식변화 유도 및 초급간부 지휘역량 강화
- 제한된 양성 · 보수교육기간 중 '선택과 집중'을 통한 성과 극대화

- 조치사항(국방부)
- 인성 · 인권 · 정신교육 등을 제한된 기간에 집중 교육할 수 있는 통합프로그램 제작

(5) 군사 교육 · 훈련의 대학학점 인정 방안 마련

- 필요성 및 기대효과
- 다양한 군사 교육 · 훈련을 학점으로 인정하여 학업단절 해소를 위한 기반 마련
- 학점인정 확대로 군 복무 이행에 대한 자발적 동기유발

- 조치 사항(국방부, 교육부)
  · 병과학교 교육기간 축소(4주→3주)에 따른 학점인정 방안 마련
    * 현행법상 4주 체제를 유지하고 병과학교 교육(3주)에 자대교육 실습 등을 포함하여 학점 평가인정 방안 마련
  · 군 경험(교육훈련)의 학점인정 관련 국방부-교육부 단기 공동연구 추진

6. 군 인권보장 및 권리구제 분야

(1) 군 옴부즈만 제도 도입

■ 필요성 및 기대효과
- 병영내 인권침해에 대한 국민 불신·불안 팽배
- 군 내외 권리 구제 제도 기능 발휘 미흡
- 병영 내 구타 가혹행위 등 악·폐습은 과거에 비해 전체적으로 줄어들고 있지만 지속적으로 발생
- 장병 인권침해 구제를 위한 독립적인 기관을 설치하여 국민의 불신을 해소하고 장병 권리구제 실효성 제고 필요

■ 조치사항
- 군인의 인권 보호를 위하여 군 옴부즈만을 도입하며, 명칭은 "군인권보호관"으로 함
- 군인권보호관은 국가인권위원회에 두되, 국회가 추천한 상임위원을 군인권보호관으로 임명
- 군인권보호관의 충실한 조사와 인권 보호 기능을 보장하기 위하여 불시 부대 방문권, 자료제출 요구권 등의 권한을 부여
    - 조사권한 : 자료제출요구권, 진술요구권, 불시방문조사권
      * 조사권한의 한계 : 국방부장관은 군사기밀에 관한 사항에 대해 자료제출 또는 진술 거부
    - 조사 후 처리권한 : 긴급구제조치의 권고, (최종)구제조치의 권고, 검찰(군검찰) 고발, 징계·제도개선·시정 등 권고
    - 실효성 확보 수단 : 정기·수시 국방위원회에 보고, 조사결과 및 권고사항의 언론 공표

7. 장병복지 개선 분야 (근무여건 개선, 사회적 보상 등)

(1) 군에서 체득한 자격의 국가자격 인정 확대

- ■ 필요성 및 기대효과
- 군 복무경력(군 우수/특수직무분야)의 전문성 인정을 위한 자격제도 도입으로 장병 사기진작 및 자긍심 함양 도모
- 국방분야 국가자격 검정을 통해 군 복무를 통해 습득한 기술을 국가자격으로 인정받을 수 있는 계기 마련

- ■ 조치 사항(국방부/고용노동부)
- 국가자격검정 추가 과목 발굴(연구용역 실시) 및 국방분야 국가자격검정 실시(국방부와 고용노동부 협의)

(2) 대학 장학생 선발시 군복무 기간 가점부여

- ■ 필요성 및 기대효과
- 군 복무기간에 대한 사회적 보상방안의 일환으로 대학에서 장학생을 선정할 때 군복무기간에 비례하여 가점을 부여할 필요

- ■ 소치사항(교육부)
- 대학 장학생 선발시 다수가 동일한 점수일 경우 의무복무를 마친 군인에게 우선권을 부여하는 방안 강구(교육부)

(3) 장병 문화공연 관람 기회 확대

- ■ 필요성 및 기대효과
- 장병들의 문화예술 체험 및 다양한 장르의 부대방문 공연, 국·공립예술단체 문화공연 관람 기회 확대를 통해 인성함양, 정신전력 향상 등 사기 진작 필요
- 장병 상호간 의사소통 활성화, 공동체 의식 함양으로 인권의식 고취 및 활기찬 병영문화 정착에 기여

- 조치사항(국방부, 문화체육관광부, 문화재청)
- 예술단체 등 군부대 방문 공연 사업 및 병영문화 예술체험교육 사업 확대 시행을 위한 소요예산 증액(국방부, 문체부)
- 장병 문화공연 무료 또는 할인 관람기회 확대를 위한 방안 마련(문체부)
- 장병들의 유적지 무료관람 혜택 부여(문화재청)
  * 문화재청 훈령(궁·능원 및 유적관람 등에 관한 규정 제11조(관람요금감면)의 별표1 개정(문화재청)
"관람요금 감면대상자 및 감면율"에 아래 사항 추가

감면대상자	감면율 (일반 관람요금에 대한 백분율)	비 고
군복을 입은 현역군인	100분의 100	

(4) 군 독서문화 확대 방안 강구

- 필요성 및 기대효과
- 장병들에게 다양한 독서기회 제공, 자율적 독서 문화 확산, 정서함양 및 교양증진 등 인간존중·배려의 문화 정착으로 병영문화 개선
- 장병의 여가 선용 등 지식욕구 충족, 삶의 질 향상을 통한 무형전력 극대화
- 독서 동아리 활동으로 연계, 독후감 경진 대회 등 자율적 독서 분위기 조성

- 조치 사항(국방부, 문화체육관광부)
- 독서코칭 프로그램 운영 확대, 병영도서관 확충, 진중문고 등 도서 보급 확대, 독서카페 설치 등 독서 문화 확대 방안 강구
- 기타사항
  - GOP/해안소초 등 격오지 부대에 독서카페 설립(국방부)
    *독서카페 시설 확충 및 출판계와 MOU를 통해 도서기증 시스템 구축
  - 국·공립 도서관과 인근 부대간 협력하여 순회문고 및 이동도서관 운영
  - 도서관리 프로그램(바코드시스템 포함)개발 및 병영도서관 보급
  - (사)국군문화진흥원을 통해 군부대 도서기증 운동 활성화
  - 병영도서관 도서 구입시 장병들 "읽고 싶은 책" 조사·반영

(5) 민·군이 함께 참여하는 국방재능기부은행 설립

- ■ 필요성 및 기대효과
- 우수한 민간 전문가를 활용하는 종합적인 재능기부 시스템 구축을 통한 군 복무 중 장병들의 인성 함양 및 개인역량 강화
- 군의 민간분야 재능기부 활성화를 통한 민·군이 함께하는 국방재능기부은행 문화 정착

- ■ 조치사항 (국방부, 행정자치부)
- 국방재능기부은행 시범 운영 및 홈페이지 구축
  * 행자부 재능나눔 자원봉사 전문가 참여형 시범사업 참여
  * 인터넷 홍보 홈페이지 구축 및 행자부 자원봉사 시스템과 연계 체계 구축
- 다양한 민간분야 재능기부단체 POOL 형성 및 봉사 참여 활성화

(6) 군 다문화 장병 증가 대비책 강구

- ■ 필요성 및 기대효과
- 입대장병 중 다문화 장병이 증가함에 따라 이들과 관련된 인사관리 및 각종 생활과 관련된 교육 내용을 개선하거나 보완할 필요가 있음
- 다문화 장병들의 부대조기 적응과 군 복무의 성실성을 제고시키는 효과가 있음

- ■ 조치사항(국방부, 여성가족부)
- 다문화 장병 부대적응 및 군 복무 성실성 제고 방안에 대한 연구
- 군인들의 다문화 이해 교육 확대 추진 (여성가족부 협업)

(7) 지역사회와 연계한 민·관·군 체육활동 적극 시행

- ■ 필요성 및 기대효과
- 지역사회와 교류·협력 증진, 지역사회 경제활성화 등 부가적인 효과 기대
- 외부와 소통하는 열린병영을 구축함으로써 병영문화 혁신에 기여

- 조치 사항(국방부)
- 병영문화 혁신 실천 과제 중 부대개방 행사 정례화와 함께 연계하여 부대개방 행사시 지역주민과 함께 하는 행사로 확대하여 활성화
- 지자체 단위 체육대회 등 선수 참가 권장(기본 임무 우선)

(8) 성실복무 병에 대한 보상 방안 추진

- 필요성 및 기대효과
- 의무복무기간 동안 군에 기여한 바가 크거나, GOP 등 격오지에서 성실하게 군 복무를 마침으로써 타에 모범이 되는 병들에게 장관이나 지휘관 표창 등을 수여함으로써 군 복무기간에 대한 사회적 보상과 연계되도록 할 필요
- 군 복무 중 성실복무에 대한 보상체계 마련을 통해 군에 대한 자긍심 고취 및 사회진출 기회 확대에 기여

- 조치사항(국방부)
- 성실복무 병에 대해 취업지원 등 원활한 사회복귀 및 적응을 위한 다양한 보상체계와 기준을 마련할 것

(9) 군 복무기간 봉사활동에 대한 인증제도 추진

- 필요성 및 기대효과
- 군 복무기간 동안 지역사회 재난구호 등 봉사에 참여한 병사들에게 정부 공인 봉사활동을 인증해줌으로써 군 복무기간에 대한 사회적 보상과 연계되도록 할 필요
- 군 복무 중 자원봉사에 대한 보상체계 마련을 통해 군에 대한 자긍심 고취 및 사회진출 기회 확대에 기여

- 조치사항(행정자치부)
- 장병들의 군 복무기간 재난구호 등 봉사활동에 대한 공식 인증방안 마련

〈부록 2〉

국방부 수용 일람

국방부
수용 일람

국방부는 2015년 4월 30일 군 인권개선 및 병영문화혁신을 위한 정책개선과제 7개 분야 38개 정책권고안 가운데 체계적이고 과학적인 그린캠프 운용 등 27개 권고안을 원안수용하고 군 정신의학과 군의관의 그린캠프 순환근무 도입 등 7개 권고안을 부분수용 한 반면, 사법제도 개선과 옴부즈만 제도 도입 등 4개 권고안에 대해서는 추가검토사항으로 보류하였다.

군 인권개선 및 병영문화혁신 특별위원회는 4월 30일 이후 특위를 3개월 동안 1회 연장하여 7월 30일까지 기존과제와 새로운 과제를 추가 검토하였으며 군인의 인권 보호를 위하여 군 옴부즈만을 도입하기로 하고 국가 인권위원회에 "군인권보호관"을 두고 국회가 추천한 상임위원을 군인권보호관으로 임명하기로 하였다(입법조치사항). 또한 군 복무 부적응병사에 대한 치유프로그램을 2016년 국방부가 시범운영하기로 하였다.

1 군 사법체계 개선 분야

1. 군사법원 폐지 ❯ 보류

특위 결론 및 조치 권고안	국방부 입장 및 조치 계획
■ 필요성 및 기대효과 – 현행 군사법원은 국방부 산하의 특별법원 형태로, 사법권·행정권을 함께 가진 조직은 '군'이 유일 – 군사재판의 독립성·공정성 등에 대한 국민의 불신 팽배 – 전시를 위한 별개 법률이 존재하므로 병력 통제를 위해 군사법원을 평시에 군대 내 둘 필요성 결여 – 군사재판의 독립성 및 형평성을 확보하고 장병들의 인권침해 구제를 위하여 군사법원을 일반 사법체계로 편입시켜 군사재판에 대한 국민의 불신 해소 및 헌법상 기본권인 법관에 의한 재판을 받을 권리 실효성 제고 필요 ■ 조치사항 – 원칙적으로 현행 특별법원(국방부 산하)으로서의 군사법원을 폐지하고, 이에 따른 관할관 제도 및 심판관 제도도 함께 폐지하는 방안. 이에 따른 군사법원 설치는 다음의 방안을 검토 가. 일반법원(사법부 산하)의 특수법원으로서 군사법원을 두는 방안 나. 지방법원 합의부에 군사부를 설치하는 방안 ※ (차선으로) 국방부 산하 군사법원을 존치할 경우 현행 부대 단위 군사법원 대신, 평시 국방부 소속 고등군사법원과 수 개 지역 군사법원을 설치하는 방안 검토	– 현 안보상황 속에서 특별법원인 군사법원의 폐지는 시기상조임. – 군 임무의 특성상 전시뿐 아니라, 평시에도 작전계획에 따라 자주 이동하고, 급박한 상황변화에 대응하여 언제, 어디서나 신속히 군사재판을 할 수 있도록 군내 군사법원을 설치할 필요가 있음 * 헌법재판소도 같은 의견임 (93헌바25 결정) – 특수법원 또는 민간법원 합의부의 민간판사는 군사적 식견과 경험이 없어 군사재판에 있어 군 특수성을 반영하지 못하고, 신속한 전시전환을 어렵게 할 우려가 있음 ※ 군사법원 운용체계 개선에 대한 국방부의 기본 입장 – 평시 군사법원을 사단급 이상에서 군단급 이상 부대로 상향 조정하여 운영함으로써 기소한 부대와 군사법원 설치부대의 분리를 통해 재판의 공정성에 기여할 수 있음 * 94개 검찰부가 설치된 부대 중 64개는 기소부대와 군사법원 설치부대 분리 * 지휘계선 내에 군사법원 설치로 지휘권을 보장하고, 신속한 전시전환이 가능함

2. 관할관 제도 및 확인조치권 폐지 ◐ 보류

특위 결론 및 조치 권고안	국방부 입장 및 조치 계획

■ 필요성 및 기대효과
− 현 관할관은 수사 단계에서부터 기소 및 재판부 구성, 판결 확인까지 광범위한 권한을 보유
− 사법권에 대한 행정권의 지나친 간섭 및 양형 불균형 초래, 관할관 확인조치권 행사의 98%가 원 판결 확인으로 감경권 의미 퇴색
− 관할관제도 폐지를 통해 재판의 독립성 및 형평성 확보를 통한 군사재판의 신뢰성 확보에 기여
 	
■ 조치사항
− 원칙적으로 군사법원의 폐지와 더불어 관할관 제도 및 확인조치권 폐지
※ 군사법원을 유지하더라도, 관할관 제도 및 확인조치권을 폐지하고, 대신 판결이 확정된 이후 집행단계에서 별도의 제도
(예: 지휘관 의견제출, 가석방 요건 변경)를 마련
	− 군사법원은 군기유지와 군 지휘권 확립이라는 특수이념을 구현하기 위해 관할관제도를 채택하고 있음.
	
	− 확인조치권은 지휘관으로 하여금 군의 전투능력을 최대한 보존·발휘시키고 군을 효율적으로 지휘통솔할 수 있도록 하기 위하여 군 지휘관에게 특별히 인정된 권한임.
	  * 헌법재판소도 같은 의견임
	    (93헌바25 결정)
	
	− 관할관 확인조치권을 유지하면서, 이를 판결확정 이후 집행단계에서 시행하는 것은 신중한 검토가 필요함.
	
	※ 관할관 확인조치권 개선에 대한 국방부의 기본 입장
	  지휘관의 지휘성향에 따라 확인조치권을 남용하는 것을 방지하기 위해, 평시 관할관 확인조치권 대상 범죄를 제한 하고, 감경범위를 2분의 1 이내로 제한하는 방안에 대한 검토가 필요함.
	
	  * 관할관은 '성실하고 적극적인 업무수행 과정에서 발생한 범죄'에 한하여 감경 가능

3. 심판관 제도 폐지 ◯ 보류

특위 결론 및 조치 권고안	국방부 입장 및 조치 계획

■ 필요성 및 기대효과
  − 군사법원 재판관의 일부를 법조인 자격이 없는 일반장교가 맡음
  − 법관에 의한 재판 받을 권리 및 평등권 침해, 재판의 공정성 훼손 우려
  − 헌법이 보장한 법관에 의한 재판을 받을 권리 강화 및 판결의 신뢰성·공정성 확보
 	
■ 조치사항
  − 현행 군사법원 폐지 여부와 관계없이 심판관 제도 폐지
	− 군사법원은 군기 유지와 군 지휘권 확립이라는 군 특수이념을 구현하기 위해 심판제도를 채택하고 있음.
	
	− 심판관제도는 일반장교의 군 경험과 군사지식을 재판에 관여시켜 법률적 판단에 치중하는 군판사의 역할을 보완하는 장점이 있는 제도이나, 비법률가에 의한 재판에 대한 국민적 비판이 있는 현실에서 제도를 그대로 유지하는 것은 사실상 제한됨
	
	심판관제도를 군형법위반사건, 군사기밀보호법위반사건, 기타 고도의 군사적 전문지식과 경험이 필요한 군사범죄에 한하여 제한적으로 운용하도록 검토가 필요함.

4. 군검찰 및 군사법경찰제도 운영 개선 ● 부분 수용

특위 결론 및 조치 권고안	국방부 입장 및 조치 계획
■ 필요성 및 기대효과 - 군 검찰 및 사법제도 운영에 있어 독립성, 전문성, 투명성 및 공정성에 대한 국민적 요구 증대 - 국민의 신뢰 회복을 위한 방안 모색 필요 ■ 조치사항 - 공정성 침해가 우려되는 사건(지휘관 친분관계, 주요 직위자 관련 등)은 상급 검찰부로 관할이전 의무화 - 군검찰관이라는 호칭을 '군검사'로 변경 - 군 사법경찰관의 지휘관으로부터의 독립 강구 및 초동수사 개선 - 국방부 검찰단장을 장관급이상으로 격상 - 변호인 접견실이 없는 등 현 군사법원과 육군교도소 시설 개선 - 군 검찰의 전문성 향상을 위해 보직관리와 교육프로그램 마련	- 공정성 침해가 우려되는 사건(지휘관 친분관계, 주요 직위자 관련 등)은 상급부대 검찰부로 관할이전 의무화 추진 - 군검찰 호칭을 '군검사'로 변경하는 방안에 대하여는 현재 군사법원법 일부개정법률안이 국회에 제출, 논의중임. - 초동수사의 투명성과 전문성을 제고하기 위해, 외부기관과 민간전문가의 참여를 확대하고, 국방부 차원에서 수시지도와 감독을 강화하며, 수사관 교육제도를 보완하여 개선을 검토 필요 - 국방부 검찰단장을 장관급으로 격상하는 취지에는 동감하나, 장성 인력사정 등을 고려하여 신중한 검토 필요 - 군사법원과 국군교도소시설(변호인 접견실 포함) 신축 또는 개·보수할 때에 순차적으로 개선 추진 - 군검찰 전문성 향상을 위해 소정의 군검찰 교육 이수자 중에서 검찰관을 보직하고, 군·내외 다양한 교육기회 확대 등 직무교육 강화 필요

② 군복무 부적격자 심사 및 부적응자 관리체계 개선 분야

1. 현역복무 부적격자 DB를 활용한 입대 차단 시스템 구축 ▶ 부분 수용

특위 결론 및 조치 권고안	국방부 입장 및 조치 계획
■ 필요성 및 기대효과 – 현재 현역복무 부적응자에 대한 자료 관리가 체계적으로 이루어지지 못하고 있음. – 현역 복무 부적응자에 대한 양태를 병무청의 징병검사에 피드백 필요 – 현역복무 부적격자 DB를 활용한 입대 사전차단 시스템 구축으로 병무청의 징병검사시 현역복무 부적격자 입영차단의 정확도 향상 기대 ■ 조치사항(국방부, 병무청) – 국방부는 각 군의 현역복무 부적합자에 대한 DB를 구축하여 병무청에 제공 – 병무청은 각 군 DB와 연동하여 현역복무 부적격자의 법적·제도적 입대 차단 시스템 구축 운영	– 현역복무부적격자 관련 DB와 입대 사전차단 시스템 구축운영 실효성 연구용역 추진

2. 종전 1년에서 6개월로 단축된 정신질환 경력기간 재검토 ◎ 부분 수용

특위 결론 및 조치 권고안	국방부 입장 및 조치 계획
■ 필요성 및 기대효과 – 현역입영 대상자 판정시 정신질환 5급(제2국민역) 판정 심사대상을 정신질환 치료경력 1년에서 6개월로 단축하였으나 병역회피 악용 가능성 상존 – 치료경력 단축에 따른 문제점 파악 및 병역 면탈자 발생 방지 필요 ■ 조치사항(국방부/병무청) – 정신질환 관련 병역면제자 DB를 구축하여 추적관리 – 정신질환으로 인한 5급판정 인원 및 병역회피자 현황 등을 파악, 문제점 있을 시 「징병 신체검사 등 검사규칙」 개정	– 정신질환 관련 병역면제자 DB를 구축, 집중조사·관리(병무청) : '15년~ – 「징병 신체검사 등 검사규칙」 개정 검토 – 정신질환 관련 5급판정 인원 현황 파악(병무청) : '15년 – 규칙 개정여부 검토 : '16년 전반기

3. 현역복무 부적격자 선별 강화 방안 강구 ◐ 원안 수용

특위 결론 및 조치 권고안	국방부 입장 및 조치 계획
■ 필요성 및 기대효과 　- 부적응자로 인해 발생하는 각종 사고의 예방을 위해 복무부적격자의 입영을 사전에 차단할 필요가 있음 　- 심리검사 도구 개선 및 인력 증원 등을 통한 정밀검사 체계 구축 필요 　- 병사들 간 인권침해 예방 및 밝은 병영문화 형성에 기여할 것으로 기대 ■ 조치사항(국방부,병무청) 　- 민간 전문가 참여를 통한 과학적이고 객관적인 심리검사 도구 개발 및 검증 　　* 참여 민간 전문가 : 대한신경정신의학회 추천 전문가, 뇌신경과학자, 인지과학자 포함 　- 현역복무부적격자 입대 차단을 위한 전문 인력 증원 　- 2차 심리검사 인력(임상심리사) 증원 　- 정신과 징병전담의사 증원 　※ 국방부 인원 배정 및 기재부 예산 반영 필요(3억7천만 원, 10명×3천7백만원) 　- 입영신체검사 기간 연장(5일 → 7일) 및 동일질병 재귀가 금지 관련 병역법 규정 개정	- 징병검사시 심리검사 문항 개선(183문항 → 203문항) 및 민간 전문가 참여를 통한 심리검사 보완 추진(개선소요 발생시 마다) - 현역복무부적격자 입대차단을 위한 전문 인력 증원 - 2차 심리검사인력 임상심리사 13명 채용·배치 : 6월한 - 종합심리검사인력 임상심리사 47명 증원 - 정신과 징병전담의사 10명 증원 추진 - 신검전담 정신과 군의관 군병원 배치 : 11명 ※ 예산 : 38.3억('16년) · 입영 신체검사 기간 연장(5일 → 7일) 검토 : '15. 9월한 ·「병역법」제17조 '동일질병 사유로 재귀가 금지' 조항개정 검토 : '15. 9월한 ·「병역법」개정 : '16년 후반기

4. 체계적이고 과학적인 그린캠프 운영 ◯ 원안 수용

특위 결론 및 조치 권고안	국방부 입장 및 조치 계획

■ 필요성 및 기대효과
– 그린캠프는 사고위험이 있는 병사를 사고예방 차원에서 보내는 것이 아니라, 복무부적응 병사의 정신건강 증진을 위한 프로그램으로 개선 필요
– 그린캠프 입소 전·후의 변화에 대한 연구나 객관적인 평가도구가 요구됨
  * 입소사유 및 증상 척도 평가, 정기적인 평가 및 설문을 통한 캠프 만족도 평가
– 복무부적응 병사가 내무반 생활을 유지하면서 적응해 나가는 시스템 연구 필요
– 체계적이고 과학적인 캠프운영으로 복무부적응자에게 실질적인 도움을 제공 기대
 	
■ 조치사항(국방부)
– 그린캠프를 통합하고 입소자의 상태를 고려한 맞춤형 치유프로그램 개발을 위한 연구용역 수행
  * 연구위원 구성 : 민간 정신과의사, 상담학회 박사, 대학교수, 군내 전문가 등
  * 연구방향 : 그린캠프지역별 통합 방안 및 입소자의 상태를 고려한 맞춤형 프로그램 개발
– 그린캠프 입소 전·후의 변화에 대한 연구나 객관적인 평가도구 개발 및 지속적인 프로그램 개선
  * 입소사유 및 증상 척도 평가, 정기적인 평가 및 설문을 통한 캠프 만족도 평가
– 복무부적응 병사가 내무반 생활을 유지하면서 적응해 나가는 시스템 연구
※ 다부처 협력연구사업으로 추진(국방부, 문체부, 교육부, 복지부)
※ 대한신경정신의학회와 한국임상심리학회의 전문가 의견 수렴
	– 그린캠프 운영환경 개선과 치유 전문성 강화를 위해 그린캠프 통합과 운영 프로그램 개선 및 입소 전·후 객관적 평가도구 개발 등을 외부전문가의 다수 참여하에 개선방안 수립예정
	– '16년 그린캠프 개선 관련 연구용역 예산(3억원)을 반영 추진중이며, 추가 예산확보를 위해 노력예정임.
	  * 연구위원 구성 : 정신과 의사, 상담학회 박사, 대학교수, 군내 전문가 등
	– 연구용역이 착수될 때는 다부처 협력연구사업 추진을 검토하고 대한신경정신의학회와 한국임상심리학회의 전문가 의견을 수렴예정임.

5. 군 정신건강의학과 군의관의 그린캠프 순환근무 도입 ◐ 부분 수용

특위 결론 및 조치 권고안	국방부 입장 및 조치 계획
■ 필요성 및 기대효과 − 정신과 군의관이 그린캠프의 군 복무 부적응자를 직접 관찰함으로써 정신질환 고위험군 식별 및 치료 필요 − 군 복무부적응자 임상자료 축적 및 효과적 치료기대 ■ 조치사항(국방부) − 정신건강의학과 군의관의 그린캠프 순환근무를 위한 관련 규정보완 및 정신과 군의관 인력 보강	− 정신건강의학과 군의관 순환근무 도입 · 순환근무제도 운영방안 검토 : '15. 9월한 · 순환근무 시행 : '15. 12월한 − 정신건강의학과 군의관 인력 증원 검토 : '16년 전반기

③ 성폭력 근절 종합대책 분야

1. 군 성폭력 실태조사 정례화 ◐ 원안 수용(협업)

특위 결론 및 조치 권고안	국방부 입장 및 조치 계획
■ 필요성 및 기대효과 　- 정확한 실태조사를 바탕으로 성폭력 근절을 위한 정책방향 설정, 과제 도출 가능 　- 관계부처 및 외부전문가와의 협업을 통해 신뢰성 있는 실태조사 정례화 검토 필요 ■ 조치사항(국방부, 여성가족부) 　- '15년 군 성폭력 실태조사 추진(국방부) 　　* 표본집단 구성 시 전역 3년 이내 여성을 추가하여 실태조사의 실효성 제고 　- '16년 성폭력 피해 실태조사, 향후 3년 단위 실태조사 정례화(여성가족부)	- 국방부 자체 성폭력 실태조사 실시 : '15년 　· 예산 : 총 0.2억원 　※ 예산확보후 추진 - 여가부 협업 완료 : '16년 성폭력 실태조사 　*'16년 실태조사를 위한 사전 준비('15년) 　*향후 3년단위 정례화 추진 협조

2. 성폭력예방 전담조직 마련 ◘ 원안 수용

특위 결론 및 조치 권고안	국방부 입장 및 조치 계획

■ 필요성 및 기대효과
– 성폭력 예방 관련 제 기능을 통합 · 운용할 수 있는 시스템 미비
– 통합 전담조직 마련을 통해 남 · 녀군 성폭력 예방 및 피해자 보호를 위한 체계적 대응
 	
■ 조치사항(국방부)
– 국방부 '성폭력 예방 · 대응' 조직 편성
– 육/해군 법무기능 포함 「양성평등센터」 개설
	– 국방부 '성폭력 예방 · 대응' 전담조직 편성 중기과제로 검토하여 추진
	  * 국방정책과제에 반영하여 별도 추진
	– 각 군 '양성평등센터' 개설 : '15년 한
	  * 법무기능 포함

3. 성인지력 향상 교육 확대·강화 ➡ 원안 수용(협업)

특위 결론 및 조치 권고안	국방부 입장 및 조치 계획
■ 필요성 및 기대효과 - 성인지력 향상 교육을 위한 군내 교육 인프라 미흡 및 현행의 대규모 강의 위주 주입식 교육 및 연 1회 소집교육(3시간)으로는 성인지력 체득 제한 - 신고·접수·수사·재판과정에서 담당자들로부터 2차 피해를 받는 경우 발생 - 내실있는 성인지력 교육을 통한 성인식 의식 전환 및 성폭력의 특성 이해, 전문성 강화를 통한 2차 피해 예방 ■ 조치사항(국방부, 여성가족부 등) - 관련부처 협업을 통한 성인지력 향상 교육 인프라 구축 - 교육컨텐츠 공동개발·활용 - 우수 전문강사 확보를 위한 대책 마련 - 토론형 성인지력 강화 교육 확대 · 법령 개정: 교육 분기 1회 의무화, '소규모 단위 사례 중심의 토의식'교육으로 전환 확대 ① 국방인사관리훈령 개정(국방부) ② 성인지 향상 및 성폭력 예방교육 지침 개선(국방부) · 성인지력 교육 확대(국방부, 여성가족부) - 수사·재판 담당자 성인지력 향상 교육 실시 · 수사관·판사·검찰관 등 수사·재판 담당자 대상 교육실시(국방부) * 강사 확보: 법무부, 경찰청, 여성가족부 협업 · 교류와 소통을 통한 전담인력 직무역량 강화(여성가족부) △ 슈퍼비전 프로그램, 직무역량 강화교육 추진 (반기 1회) △ 민·관·군 통합 워크숍 개최로 사례 공유, 네트워킹 구축	- 관련부처 협업을 통한 성인지력 향상 교육 인프라 구축 · 여성가족부와 협업하여 교육컨텐츠 공동개발: '15년 △ 간부용·병사용 교육컨텐츠 제작 지원 · 우수 전문강사 확보를 위한 여가부 협업 추진: '15년 · 강사평가시스템 도입(각 군별 개발, 인트라넷 제공) △ 민간강사 보수교육(4월) △ 교육현장 모니터링('15년 시행) △ 군 복무 경력자를 전문강사로 양성 및 활용 (전직교육원 - 양평읍 협업) * 여가부 우수 전문강사 Pool 확보 진행 모니터링 원안 수용 (협업) - 토론형 성인지력 강화 교육 확대 · 교육 이수(연1회→분기1회) 및 연 1회 평가 의무화 추진: '15년 △ 법령정비: 국방 인사관리훈령 개정 · 성인지력 향상 및 성폭력 예방교육 지침 작성/재하달: '15년 △ 교육방법 전환 확대: 소그룹 단위 사례중심의 토의식 △ 간부교육 연1회→분기1회, 이수의무화 · 여가부 성인지력 교육 지원 확대 협조: 300회→600회 △ 핵심계층 대상 교육 맞춤형 교육 실시 · '16년 성인지력 교육예산 요구: 7.37억원 - 수사·재판 담당자 성인지력 향상 교육 실시 · '15년 후반기 수사·재판담당자 성인지력 교육 추진(20여회) * 교육예산 판단중 · '16년 및 중기계획 반영하여 예산 지속 확보/시행 △ 예산: 0.15억원(성인지력 교육예산 포함) △ 대상: 수사관, 판사, 검찰관 등 · 여가부 협업하 전담인원 직무역량 강화교육 추진(지속) △ 예산: 0.46억원 △ 대상: 여성정책·고충관리장교, 성고충전문상담관, 양성평등업무담당관 등

4. 성폭력 가해자 제재 강화 및 외부전문가 징계위원회 참여 ● 원안 수용(협업)

특위 결론 및 조치 권고안	국방부 입장 및 조치 계획

■ 필요성 및 기대효과
- 성폭력 가해자에 대한 강화된 처벌 및 복지혜택 등 제한을 통하여 경각심 고취 필요
- 징계위원회 군내 자체 진행으로 인한 신뢰성 확보 부족 문제를 해결하기 위하여 외부전문가 참여 제도 마련으로 징계위원회의 공정성 확보 및 피해자 권리보장 강화 기대
 	
■ 조치사항(국방부, 여성가족부 등)
- 법령 개정
  · 제대군인 지원에 관한 법률 개정 검토(국방부)
    * 제대군인 복지혜택 박탈 추진, 군 복지시설 이용, 군인공제 우선공급 주택 등 지원 제한 등
  · 군 인사법 개정 검토(국방부) : 국가공무원법 개정 시 연계
    * 형사처벌 결과를 반영한 임용 결격 사유 강화, 성범죄로 인한 벌금형 이상시 당연퇴직 추신 등
  · 징계훈령(가해자 처벌 징계양정기준)의 실제적 강화(국방부)
- 모든 성폭력 범죄자에 대한 'One-Out' 제도 즉시 시행(국방부)
  · 현역복무부적합 심의대상에 포함, 군에서 퇴출 원칙
  · 형사처벌과 병행하여 징계위원회 반드시 개최
- 외부전문가 징계위원회 참관 및 의견 개진 제도 마련
  · 징계업무처리훈령 개정(국방부)
  · 외부 전문가 Pool 구성 및 지원 (여성가족부)
  · 외부 전문가 초빙예산 확보(국방부, 법무부)
	- 성폭력 가해자 처벌 강화
	  · 성폭력 가해자 처벌 강화를 위한 징계양정기준 강화 : '15년 한
	    △ 법령정비 : 국방부 군인·군무원 징계업무처리훈령 개정
	    *성폭력은 해임 또는 강등 이상, 성희롱·성매매 등 기타 규정위반 정직 이상, 성폭력 피해자가 지휘계선상 부하인 군인 또는 군무원인 경우 1단계 상향 처벌
	  · 성폭력 범죄자 'One-Out'제도 시행
	    △ 군에서 퇴출 원칙
	    △ 형사처벌과 병행하여 징계위원회 개최
	  · 징계위원회에 외부전문가 참관 및 의견 개진 가능하도록 추진
	    △ 법령정비 : 국방부 군인·군무원 징계업무처리훈령 개정
	  · 여가부 협조하 외부전문가 Pool 확보 / 지원
	- 외부전문가 초빙예산 확보 추진
	  * '16년 : 국방부 예산 확보
	  · 여가부 외부전문가 Pool 구성 모니터링

5. 각 군 사관학교 성인지 및 양성평등·인권교육 정규과목 편성 ◐ 부분 수용

특위 결론 및 조치 권고안	국방부 입장 및 조치 계획

■ 필요성 및 기대효과
– 장교 배출을 위한 장기 교육기관인 각 군 사관학교에서부터 체계적 교육을 실시함으로써 장교들의 성인지력 제고에 기여
 	
■ 조치사항(국방부, 교육부)
– 교육과목 추가 편성 협의
  (국방부, 교육부)
– 교육기관 정규과목 편성을 위한 교관 편성 등 검토(국방부)
	– 각군 사관학교 정규과목 편성은 추가 검토 필요
	  * 여가부, 교육부, 각군 사관학교의 의견을 수렴하여 검토

6. 인사관리제도 개선을 통한 권력형 성폭력 예방 ➡ 원안 수용

특위 결론 및 조치 권고안	국방부 입장 및 조치 계획
■ 필요성 및 기대효과 – 장기복무 선발 시 상관의 지휘추천배점 제도로 인하여 상관의 권력 오·남용 가능성 및 성폭력 피해자의 대처가 취약할 수밖에 없는 구조적 한계 존재 – 인사관리제도 개선을 통해 장기복무 등 취약계층에 대한 권력형 성폭력 감소 기대 ■ 조치사항(국방부) – 관련지침 개정(국방부) · 장기복무 선발 시 지휘관 배점 비율 축소 · 부대별 심의위원회 구성, 위원회에서 결정된 등급 부여방식으로 개선 · 여군의 3년차 복무연장은 선발에서 적(適)·부(否) 심의로 변경	– 용어 변경 : 지휘추천→ 부대추천 · 육군 부대추천 배점 조정 : 25점→15점 * 10점은 교육으로 전환 · 육군규정 개정 : '15년 한

7. 전문조력인 확대 등 성폭력 피해자 보호 강화 ◯ 원안 수용

특위 결론 및 조치 권고안	국방부 입장 및 조치 계획
■ 필요성 및 기대효과 – 현행 피해자 보호 제도는 보직조정 · 휴가조치 등 소극적인 보호에 국한되어 한계 존재 – 복무여건 보장을 위한 지속 관리 및 전문조력인 확대로 피해자 보호강화 ■ 조치사항(국방부) – 법령 개정 ① 인사관리훈령 개정 · 신고접수 즉시 공간적 분리, 수사종료 후 '가해자 인사적 분리'를 원칙으로 하되, 피해자 의사 우선 고려 ② 군 인사법 및 군인복무규율 개정 · 성폭력 피해자 휴직 신설 · 청원휴가 확대 및 인사상 불이익 금지 – 처리 전(全) 과정 전문조력인 확대 · 접수와 동시 멘토 지정, 조력 및 심리적 안정 유도 · 수사 · 검찰관 · 국선변호인 선임시 피해자 의사 고려 여성 우선 선정 – 증인지원관 제도 실효성 확보 및 활성화	– 적시적 분리를 통한 피해자 권리보호 · 법령 정비 : 인사관리훈령 개정 ＊ 반영내용 : 신고접수 즉시 공간적 분리, 수사종료후 '가해자 인사적' 분리 원칙으로 하되, 피해자 의사 고려 – 성폭력 피해자에 대한 휴직 신설 / 청원휴가 확대(60일) 추진 · 법령정비 : 군인사법, 군인복무규율 – 전 과정에 '전문조력자' 참여 확대 ＊ 접수즉시 멘토지정, 수사 · 검찰관 · 국선변호인 선임시 피해자 의사 고려 여성 우선 선정 등 – 증인지원관 제도 실효성 확보 ＊ 군사법원내 증인지원실 예산확보후 추진 가능 (이동식 증인보호용 칸막이 설치 활용) ＊ 증인지원관 임명

8. 성폭력 범죄 전담수사관 및 전담검찰관 도입 ◯ 원안 수용

특위 결론 및 조치 권고안	국방부 입장 및 조치 계획
■ 필요성 및 기대효과 – 성폭력 범죄에 대해서는 전담 수사관과 전담 검찰관이 처리하도록 함으로써 군대 내 성범죄에 대한 전문적 처리 필요 ■ 조치사항(국방부) – 성폭력 범죄 전담수사관 및 전담검찰관 도입	– 법률개정 없이, 현행 제도 내에서 성폭력 범죄발생시 전담 수사 및 전담 검찰활동이 가능토록 검토 후 추진

4 의료체계 개선 분야

1. 군 병원 기능 및 군 의료 진료과목 조정 ● 원안 수용

특위 결론 및 조치 권고안	국방부 입장 및 조치 계획
■ 필요성 및 기대효과 − 군 의료에 대한 불신으로 현역병의 민간병원 진료 의존도는 지속적으로 증가함에 따라 군 병원의 전문분야 집중 육성 필요 　* 현재 민간병원 진료건수는 군병원 진료건수의 40.9%, 군 의무예산의 20% − 군 병원 기능 및 진료과목 조정 등 「선택과 집중」을 통한 군 의료 수준 향상을 통해 장병 진료권 보장 ■ 조치사항(국방부) − 군 병원 기능 조정 계획 수립·시범사업 추진 후 그 결과에 따라 확대 시행 　* 상급종합병원(1), 종합병원(3), 정양병원(6), 특수목적병원(5)으로 기능 구분 − 군 특성에 맞는 필수 전공과목 도출(연구용역 실시) 　* 군병원 기능 조정 및 부대 내 다발성 질환 등의 실태를 고려하여, 군 의료체계 내 필수운용 진료과목 도출 → 그 외 진료과목은 민간병원 진료 위탁 실시 − 군 병원 기능 및 진료과목 조정에 따른 군 의료인력 재배치	− 군병원 기능조정 시범사업 인프라 구축 : '16년~'17.9월 　· 급성기 치료병원(양주), 정양병원(고양) 시범사업 추진 　· 급성기 치료병원에 수술실 및 수술장비 보강, 정양병원에 재활센터 및 재활 장비 보강 　* '16년 예산편성 후 시설개선 및장비보강 추진 　· 군병원 기능에 따른 의료인력 및 의료 지원 인력 재배치 − 군병원 필수 전공과목 도출을 위한 연구용역 : '16년 하반기 　* 연구용역 결과에 따라 진료과목 조정 및 인력 재배치 계획 수립 − 군병원 기능조정 시범사업 시행 : '17년 10월~'18년 9월(1년) 　* 시범사업 결과 평가 후, 보완사항을 식별 및 반영하여 사업 확대 시행

2. 장기군의관 임상전담 직위제도 도입 ◯ 원안 수용

특위 결론 및 조치 권고안	국방부 입장 및 조치 계획
■ 필요성 및 기대효과 – 현재 장기 군의관들의 상당인원이 병원의 정책직 및 행정직 업무를 수행함에 따라 진료시간 부족으로 임상진료의 현장에서 진료의 질을 높이는 활동 저조 * 현재 장기군의관 88명중 관리직은 32명 (정책직 18명, 병원장직 14명), 임상직은 46명, 교육 등 10명 – 임상전담직위와 행정전담직위를 이원화하여 군 의료 전문성 제고 및 장기복무 지원 활성화 기대 ■ 조치사항(국방부) – 임상전담직위 군의관의 효율적 운영방안 마련(연구용역 실시) – 연구용역 후 인사관리 규정 및 군의관 직제 등 관련 규정 정비	– 임상전담직위 군의관제도 도입 관련 연구용역 실시 : '16년 하반기 – 연구용역 결과 제도도입 타당성이 있을 경우, 관련규정 개정 추진

3. 군병원 전공의 정원 확대 및 수련프로그램 마련 ◐ 원안 수용(협업)

특위 결론 및 조치 권고안	국방부 입장 및 조치 계획

■ 필요성 및 기대효과
– '16년부터 군병원 전공의 정원은 연 20명 수준으로 확대될 계획이나, 현재 보건복지부는 수련병원(수도병원 포함)의 전공의 정원을 연차적으로 축소할 계획으로 정원 확보 애로 예상
  * 2012년부터 확대(4명→20명)한 민간의대 위탁교육생이 '16년부터 군병원 전공의로 편입예정
  * 2019년까지 매년 20명 수준 위탁교육 인원을 유지하는 경우 2029년에는 소령직위 군의관(정원 : 267)은 100% 장기군의관으로 충원 전망
 	
| 연 도
	'11	'12	'13	'14	'15 |
					| --- | --- | --- | --- | --- | --- |
					| 위탁교육 선발인원 | 4 | 20 | 18 | 14 | 19 |
					
					■ 조치사항(국방부/보건복지부)
					– 군병원 전공의 정원을 별도정원으로 배정(보건복지부)
					  * 총상·화상 등에 따른 응급수술과 군 특수의학 대응을 위해 외과계열 등 군 의료 특성에 맞는 전공과목 위주로 별도정원 확보
					– 군병원에서 전공의 수련 실시(국방부)
					  * 군 특성화가 필요한 주요 진료과목에 대해서는 군병원에서 수련 추진
					  * 전공의 역량 달성을 위한 수련 프로그램 마련(보건복지부 협조)
						– 군 전공의 중기 양성계획 수립 : '15년 4월 완료
						– 보건복지부와 협업, '16년 군 전공의 정원을 별도정원으로 확보 : '15년 하반기
						– 군 전공의 군병원 내 수련 실시 : '16년

4. 의무부사관, 간호군무원 등 의료지원인력 확대 ◐ 부분 수용

특위 결론 및 조치 권고안	국방부 입장 및 조치 계획

■ 필요성 및 기대효과
– 의료지원인력 부족으로 의료서비스 질 저하
    * 군병원 및 사단급 의무대 임상간호 인력 부족
    * 사단급 이하 의무부사관 확보 저조 : 편제 대비 방사선사는 30%, 임상병리사는 34%가 보직수행
    * 대대/연대 의무대의 응급처치 관련 전문인력 부족 : 법적으로 군 보건의료인이 아닌 의무병이 간호조무 등의 역할 수행
– 인력충원이 어려운 의사중심의 고비용 구조를 실수요 충족 중심의 저비용 구조로 보완함으로써 군의료 수요충족 및 전문성 제고 필요
 	
■ 조치사항(국방부)
– 현행 의무부사관 증원 및 민간대학 위탁교육 지속 확대
    * 장기복무 중사 이상 부사관 중 관련 전공학과 학위 취득자 등을 대상으로 전문대학 위탁교육실시
– 간호군무원 등 의료지원인력 증원계획 마련
	– 의무부사관 증원 추진
	  · 증원계획 '16년 소요 예산 반영 : '15년 하반기
	– 의무부사관 '16년 민간대학 위탁교육생 선발 : '15년 하반기
	– 간호군무원 증원
	  · 군무원 인력운영계획과 정원을 고려, 검토 : '16년 상반기

5. GP/GOP 응급의료체계 개선 ◐ 원안 수용

특위 결론 및 조치 권고안	국방부 입장 및 조치 계획
■ 필요성 및 기대효과 　- 의료체계가 열악한 GP, GOP 등 응급환자 발생시 대응능력 강화를 위해 효율적인 후송체계 구축 등 필요 　- 응급환자의 의료접근권 개선 효과 기대 ■ 조치사항(국방부) 　- GP/GOP대대 응급 의료인력 및 현장 응급처치 장비·물자 보강 * 응급구조사(부사관)를 GOP 중대에 보직 : 66명(22개 대대, 3개 중대) * GOP 초소에 의무병 보직 : 264명(22개 대대, 12명) 　- 장병대상 심폐소생술 등 의무교육 강화 　- 응급환자 후송 시 골든타임 확보를 위한 항공 후송 능력 확보 　- 민·관·군 간 HOT-LINE 및 유기적 협조체계 구축	- GOP 의료인력 보강 　· GOP 대에 응급구조사(부사관) 보직 : ~ '16년, 66명 　· GOP 소초에 의무병 보직 : ~ '19년, 216명 - 응급조치 관련 장병 교육(시행 중) 　· 신병 양성교육 : 2~6시간 　· 부대훈련 : 병 기본훈련(분기1회), 분대단위 교육(반기 1회) - 응급환자 항공후송능력 확보 　· 의무후송항공대 창설 : '15. 5월 완료 　· 의무후송 전용헬기 도입 : '18 ~ '19년 - 민관군 간 HOT-LINE 구축 　· 군병원/항작사/군사령부 ↔ 소방방재청 간 HOT-LINE 구축 및 운영중 : '12년~ 　· 의무후송항공대에 설치 : '15. 5월 완료

6. 격오지 원격진료 타당성 검토 ◐ 원안 수용

특위 결론 및 조치 권고안	국방부 입장 및 조치 계획

■ 필요성 및 기대효과
  – 격오지 부대 근무 장병의 의료접근성을 향상하기 위해 원격진료 시범사업 추진
  – GP 등 근무 장병의 경증질환 진료 및 상담, 대면진료 필요 여부 판단 등 24시간 의료서비스 제공 가능
 	
■ 조치사항(국방부)
  – 시범운영 후 원격진료의 타당성 평가결과에 따라 원격진료사업 확대여부 결정할 것
    * 환자 만족도, 운영 상 문제점 등을 평가하여 사업의 타당성을 검증
	– GP 등 격오지 원격진료 시범사업 실시 : ∼'15. 12월
	– 시범사업 운영결과 평가 : '16년 1월
	  * 시범사업 평가결과에 따라, 사업 확대여부 및 규모 결정

5 장병교육체계 개선 분야

1. 병 비전설계 상담 및 리더십 교육 ◐ 원안 수용

특위 결론 및 조치 권고안	국방부 입장 및 조치 계획

■ 필요성 및 기대효과
− 의무복무기간 동안 자기계발 기회를 살려 보람있는 병영생활 지원을 위해 입대 초기 신병들을 대상으로 군 복무기간 동안 비전설계 상담 필요
− 병 복무단계별 맞춤형 리더십 프로그램 시행을 통한 능동적 · 적극적 군 생활 유도
− 군 복무 중 자기계발 및 리더십 교육을 통해 제대 후 사회와 단절을 극복하고 군에 대한 자긍심 고취에 기여
 	
■ 조치사항(국방부)
− 입대 신병 대상 군복무중 비전설계 상담프로그램 개발 및 시행
− 신병 리더십 교육, 자대복무간 인성교육, 분대장 리더십 교육 등 복무 단계별 리더십 프로그램 개발 시행
	− 병 복무단계별 리더십 프로그램 도입, 자기주도적 군생활 유도
	· 전입신병 : 군복무 · 리더십의 새로운 인식
	  * 셀프리더십, 팔로우십, 군복무 설계 등
	· 선임병(일 · 상병) : 선임병의 역할 인식 및 요구역량 개발
	  * 대인관계(설득, 스트레스 관리), 소통 능력 등
	· 팀리더십(병장) : 팀리더로서의 역량 개발
	  * 팀 빌딩, 임파워먼트 기법(동기부여, 경감 등)
	− 리더십 프로그램 전 부대 확대 적용 : '16년 이후 (예산 추가반영)

2. 간부 리더십 교육 확대 시행 ◐ 원안 수용

특위 결론 및 조치 권고안	국방부 입장 및 조치 계획
■ 필요성 및 기대효과 　- 제대별 지휘관(자) 리더십 개발을 통한 부대 지휘능력 향상 　- 초급간부들의 솔선수범 및 병사들과 소통능력 증대로 안정적인 부대관리 가능 ■ 조치사항(국방부) 　- 각 군 양성·보수교육 시 리더십 교육 확대 시행 　- 육군 리더십센터 내 인성개발처 신설 　- 육군 전장리더십 훈련장 설치	- 전군 양성·보수교육간 리더십 교육 확대 시행 : 5월 - 육군 리더십센터내 인성개발처 신설 : '15년한 - 육군 전장리더십 훈련장 설치 : '15년, 2개소

3. 부대정신 함양을 통한 군 복무 자긍심 고취 대책 강구 ◐ 원안 수용

특위 결론 및 조치 권고안	국방부 입장 및 조치 계획
■ 필요성 및 기대효과 　- 부대별 애대심 고취, 병 사생관 견지로 군 복무의욕 고취 ■ 조치사항(국방부) 　- 부대영웅(Army Legend), 전쟁영웅 기념일 지정, 전역자 부대초청행사 등 부대별 애대심 고취방안 강구 　- 스토리텔링 및 자랑거리 만들기, 전입신병 신고시 부대역사 소개체계 구축 등 부대 역사성 제고를 위한 방안 강구 　　* 부대별 홈페이지 등 선정내용 게시 및 홍보	- 애대심·개인 사생관 견지 유도로 군 복무의욕 고취를 위해 추진중 　· 전역자 부대 초청행사 추진중 : 11월한 　· 부대별 스토리텔링·자랑거리 만들기 : 8월한 　· 부대별 홈페이지 게시, 홍보:8월한

4. 인성·인권·정신교육 등을 포괄 연계 교육 ➡ 원안 수용

특위 결론 및 조치 권고안	국방부 입장 및 조치 계획
■ 필요성 및 기대효과 　- 리더십, 임무형지휘, 병영상담, 인성·인권·정신·군법·안보교육, 군대윤리, 지휘훈육, 군인복무규율, 안전문화, 성인지력 등 다양한 분야에서 필요한 교육을 프로그램화하여 효율적으로 교육 　- 집중교육을 통한 장병 의식변화 유도 및 초급간부 지휘역량 강화 　- 제한된 양성·보수교육기간 중 '선택과 집중'을 통한 성과 극대화 ■ 조치사항(국방부) 　- 인성·인권·정신교육 등을 제한된 기간에 집중 교육할 수 있는 통합 프로그램 제작	- 양성·보수교육간 리더십·인성·인권·정신·군법·군대윤리 등 12개과제 통합 교육 실시중 - 해·공군 실정에 맞는 프로그램 및 교재 작성 전면 교육 실시 : 5월한

5. 군사 교육·훈련의 대학학점 인정 방안 마련 ➡ 원안 수용(협업)

특위 결론 및 조치 권고안	국방부 입장 및 조치 계획
■ 필요성 및 기대효과 　- 다양한 군사 교육·훈련을 학점으로 인정하여 학업단절 해소를 위한 기반 마련 　- 학점인정 확대로 군 복무 이행에 대한 자발적 동기유발 ■ 조치사항(국방부, 교육부) 　- 병과학교 교육기간 축소(4주→3주)에 따른 학점인정 방안 마련 　　* 현행법상 4주 체제를 유지하고 병과학교 교육(3주)에 자대교육 실습 등을 포함하여 학점 평가인정 방안 마련 　- 군 경험(교육훈련)의 학점인정 관련 국방부-교육부 단기 공동연구 추진	- 학점인정으로 학업단절 해소기반 마련 - 병과학교 교육기간 축소(4주→3주)에 따른 학점인정 방안 마련 : 12월한 - 학점인정 관련 국방부-교육부 공동연구 추진 : 7~11월 - 학점취득 확대 관련 대학관계관 정책설명회 국방부-교육부 공동개최 : 6월

6 군 인권보장 및 권리구제 분야

1. 군 옴부즈만 제도 도입 ❍ 보류

특위 결론 및 조치 권고안	국방부 입장 및 조치 계획
■ 필요성 및 기대효과 　- 병영내 인권침해에 대한 국민 불신·불안 팽배 　- 군 내외 권리 구제 제도 기능 발휘 미흡 　- 병영 내 구타 가혹행위 등 악·폐습은 과거에 비해 전체적으로 줄어들고 있지만 지속적으로 발생 　- 장병 인권침해 구제를 위한 독립적인 기관을 설치하여 국민의 불신을 해소하고 장병 권리구제 실효성 제고 필요 ■ 조치사항 　- 군인의 인권 보호를 위하여 군 옴부즈만을 도입하며, 명칭은 "군 인권 보호관"으로 함 　- 군 인권보호관을 국방부 이외의 기관에 설치하되, 다음 세가지 방안 중 검토 　　가. 국회에 설치하는 방안 　　나. 총리실에 설치하는 방안 　　다. 국가인권위원회의 상임위원 중 국회가 추천한 위원을 군 인권 보호관으로 임명하는 방안 　- 군 인권보호관이 충실한 조사와 인권 보호 기능을 보장하기 위하여 불시 부대 방문권, 자료제출 요구권 등의 권한을 부여 　　· 조사권한 : 자료제출요구권, 진술요구권, 불시방문조사권 　　　* 조사권한의 한계 : 국방부장관이 국가기밀에 관한 사항 등이라는 이유로 조사 중단 요구 　　· 조사 후 처리권한 : 긴급구제조치의 권고, (최종)구제조치의 권고, 검찰(군검찰) 고발 / 징계 권고, 제도 등의 개선 또는 시정 권고 　　· 실효성 확보 수단 : 정기·수시 국방위 보고, 조사결과 및 권고사항의 언론 공표	- '군 인권 보호관'으로 할 경우 업무영역에 인권만 포함하고 그 밖의 고충 등은 포괄하지 못할 우려가 있음. - 병영생활 전반에 대한 전문성, 조사의 신속성, 실효성 있는 구제, 군사보안 보호, 지휘권 보장 측면에서 국방부에 설치하는 것이 바람직함. - 불시 부대 방문권은 군 지휘권 및 군사보안 침해의 우려가 있으므로 신중하게 고려해야 함. ※ 옴부즈만 설치에 대한 국방부의 기본 입장 　옴부즈만 기능을 수행하고 있는 권익위와 인권위 간의 기능 및 예산 중복 문제, 지휘권 및 군사보안 침해 우려, 권리구제 기관으로서의 실효성 문제 등으로 인해 신중한 검토가 필요함.

7 장병복지 개선 분야 (근무여건 개선, 사회적 보상 등)

1. 군에서 체득한 자격의 국가자격 인정 확대 ◎ 원안 수용(협업)

특위 결론 및 조치 권고안	국방부 입장 및 조치 계획
■ 필요성 및 기대효과 – 군 복무경력(군 우수/특수직무분야)의 전문성 인정을 위한 자격제도 도입으로 장병 사기진작 및 자긍심 함양 도모 – 국방분야 국가자격 검정을 통해 군 복무를 통해 습득한 기술을 국가자격으로 인정받을 수 있는 계기 마련 ■ 조치사항(국방부/고용노동부) – 국가자격검정 추가 과목 발굴(연구용역 실시) 및 국방분야 국가자격검정 실시 (국방부와 고용노동부 협의)	– 국가자격검정 추가 과목 연구용역 : 4~9월 – 제2회 국방분야 국가자격검정 실시 : 9월 – 교육부 자격정책심의회 심의 모니터

2. 대학 장학생 선발시 군복무 기간 가점부여 ◎ 원안 수용(협업)

특위 결론 및 조치 권고안	국방부 입장 및 조치 계획
■ 필요성 및 기대효과 – 군 복무기간에 대한 사회적 보상방안의 일환으로 대학에서 장학생을 선정할 때 군복무기간에 비례하여 가점을 부여할 필요 ■ 조치사항(교육부) – 대학 장학생 선발시 다수가 동일한 점수일 경우 의무복무를 마친 군인에게 우선권을 부여하는 방안 강구(교육부)	– 교육부 협업 및 조치사항 모니터

3. 장병 문화공연 관람 기회 확대 ● 부분 수용(협업)

특위 결론 및 조치 권고안	국방부 입장 및 조치 계획
■ 필요성 및 기대효과 – 장병들의 문화예술 체험 및 다양한 장르의 부대방문 공연, 국·공립예술단체 문화공연 관람 기회 확대를 통해 인성 함양, 정신전력 향상 등 사기 진작 필요 – 장병 상호간 의사소통 활성화, 공동체 의식 함양으로 인권의식 고취 및 활기찬 병영문화 정착에 기여 ■ 조치사항(국방부, 문화체육관광부, 문화재청) – 예술단체 등 군부대 방문 공연 사업 및 병영문화 예술체험교육 사업 확대 시행을 위한 소요예산 증액(국방부, 문체부) – 장병 문화공연 무료 또는 할인 관람기회 확대를 위한 방안 마련(문체부) – 장병들의 유적지 무료관람 혜택 부여 (문화재청) * 문화재청 훈령(궁·능원 및 유적관람 등에 관한 규정 제11조(관람요금감면) 의 별표1 개정(문화재청) "관람요금 감면대상자 및 감면율"에 아래 사항 추가 | 감면대상자 | 감면율 (일반 관람요금에 대한 백분율) | |---|---| | 군복을 입은 현역군인 | 100분의 100 |	– 예산 : '16년 요구 15.9억원 · 군부대 방문 공연사업 : 5.5억원 · 병영문화 예술체험교육 : 10.4억원 – 문체부 협조결과, '장병들의 문화공연 관람 기회(무료 관람 등) 확대'는 민간기획사 수익 감소와 직결, 정책적으로 추진 제한 (문체부) – 대안으로 '장병 궁·능원 및 유적지 무료 관람 혜택부여' 협조추진(문화재청:군복착용시 무료) * 부대별 자체 교육일정에「유적지관람」시간을 포함, 장병 정서함양 및 역사의식 제고

4. 군 독서문화 확대 방안 강구 ⬤ 원안 수용(협업)

특위 결론 및 조치 권고안	국방부 입장 및 조치 계획
■ 필요성 및 기대효과 – 장병들에게 다양한 독서기회 제공, 자율적 독서 문화 확산, 정서함양 및 교양증진 등 인간존중·배려의 문화 정착으로 병영문화 개선 – 장병의 여가 선용 등 지식욕구 충족, 삶의 질 향상을 통한 무형전력 극대화 – 독서 동아리 활동으로 연계, 독후감 경진 대회 등 자율적 독서 분위기 조성 ■ 조치사항(국방부, 문화체육관광부) – 독서코칭 프로그램 운영 확대, 병영도서관 확충, 진중문고 등 도서 보급 확대, 독서카페 설치 등 독서 문화 확대 방안 강구 – 기타사항 · GOP/해안소초 등 격오지 부대에 독서카페 설립(국방부) *독서카페 시설 확충 및 출판계와 MOU를 통해 도서기증 시스템 구축 · 국·공립 도서관과 인근 부대간 협력하여 순회문고 및 이동도서관 운영 · 도서관리 프로그램(바코드시스템 포함)개발 및 병영도서관 보급 · 병영도서관 도서 구입시 장병들 "읽고 싶은 책" 조사·반영	– 다양한 독서문화 확대 프로그램 운영 · 사단별 독서 경진대회, 독서동아리 활동 등 * '16년 예산요구 27억원 · 독서코칭 프로그램 운영확대 관련 문체부 협업 완료 · 독서카페 설치(GOP, 해안·강안소초 등) * '16년 310개소, '17년 500개소, '18년 410개소 * '16년 예산요구 : 17.8억원 · 진중문고 보급(50여종, 분기별 연 4회) * 16년 요구 : 59억원 · 정기간행물 보급(샘터 등 매월 10여종) * '16년 예산요구 : 21억원

5. 민·군이 함께 참여하는 국방재능기부은행 설립 ◐ 원안 수용(협업)

특위 결론 및 조치 권고안	국방부 입장 및 조치 계획
■ 필요성 및 기대효과 – 군 복무기간에 대한 사회적 보상방안의 일환으로 대학에서 장학생을 선정할 때 군복무기간에 비례하여 가점을 부여할 필요 ■ 조치사항(교육부) – 대학 장학생 선발시 다수가 동일한 점수일 경우 의무복무를 마친 군인에게 우선권을 부여하는 방안 강구(교육부)	– 우수한 민간 전문가를 활용으로 군복무 장병들의 인성 함양 및 개인역량 강화 기대 – 국방재능기부은행 시범 운영 : 5~10월/육군 5사단 – 국방재능기부은행 홈피 구축 : 12월한 – 다양한 민간분야 재능기부단체풀 형성 및 봉사 참여 활성화 :12월한 – 예산 : 총 0.9억원

6. 군 다문화 장병 증가 대비책 강구 ◐ 원안 수용(협업)

특위 결론 및 조치 권고안	국방부 입장 및 조치 계획

■ 필요성 및 기대효과
– 입대장병 중 다문화 장병이 증가함에 따라 이들과 관련된 인사관리 및 각종 생활과 관련된 교육 내용을 개선하거나 보완할 필요가 있음
– 다문화 장병들의 부대조기 적응과 군 복무의 성실성을 제고시키는 효과가 있음
 	
■ 조치사항(국방부, 여성가족부)
– 다문화 장병 부대적응 및 군 복무 성실성 제고 방안에 대한 연구
– 군인들의 다문화 이해 교육 확대 추진 (여성가족부 협업)
	– 다문화 군대 대비 관련규정 제정 : '15년 전반기 (부대관리훈령)
	  * 반영내용 : 다문화 장병에 대한 불합리한 차별금지, 고충 우선 처리 규정 등
	· 다문화 군대 대비 이해교육 진행중 : 4월 이후 (77개 부대)
	  * 교육내용 : 다문화에 대한 오해 및 편견 제거, 군의 다문화 수용성을 높이기 위한 교육 등
	· 다문화 관련 연구용역 추진 : '16년
	  * 다문화장병 복무적응도 향상방안 연구 및 일반장병 대상 다문화이해교육 교재 제작

7. 지역사회와 연계한 민·관·군 체육활동 적극 시행 ◐ 원안 수용

특위 결론 및 조치 권고안	국방부 입장 및 조치 계획

■ 필요성 및 기대효과
  - 지역사회와 교류·협력 증진, 지역사회 경제활성화 등 부가적인 효과 기대
  - 외부와 소통하는 열린병영을 구축함으로써 병영문화 혁신에 기여
 	
■ 조치사항(국방부)
  - 병영문화 혁신 실천 과제 중 부대개방 행사 정례화와 함께 연계하여 부대개방 행사시 지역주민과 함께 하는 행사로 확대하여 활성화
  - 지자체 단위 체육대회 등 선수 참가 권장(기본 임무 우선)
	- 기존의 병영문화 혁신과제인 부대개방행사와 연계하 적극 시행
	  · 예산반영(추가) : 7.3억원
	  ※ 플랭카드 및 음료 등 추가

8. 성실복무 병에 대한 보상 방안 추진 ◐ 원안 수용

특위 결론 및 조치 권고안	국방부 입장 및 조치 계획

■ 필요성 및 기대효과
  - 의무복무기간 동안 군에 기여한 바가 크거나, GOP 등 격오지에서 성실하게 군 복무를 마침으로써 타에 모범이 되는 병들에게 장관이나 지휘관 표창 등을 수여함으로써 군 복무기간에 대한 사회적 보상과 연계되도록 할 필요
  - 군 복무 중 성실복무에 대한 보상체계 마련을 통해 군에 대한 자긍심 고취 및 사회진출 기회 확대에 기여
 	
■ 조치사항(국방부)
  - 성실복무 병에 대한 다양한 보상체계와 기준을 마련할 것
	- 군 복무 중 장병들이 수여받은 각종 표창 및 상장 등은 '군 복무 경력증명서' 상훈사항에 기록되어 발급되고 있음.

9. 성실복무 병에 대한 보상 방안 추진 ● 부분 수용

특위 결론 및 조치 권고안	국방부 입장 및 조치 계획
■ 필요성 및 기대효과 – 군 복무기간 동안 지역사회 재난구호 등 봉사에 참여한 병사들에게 정부 공인 봉사활동을 인증해줌으로써 군 복무기간에 대한 사회적 보상과 연계되도록 할 필요 – 군 복무 중 자원봉사에 대한 보상체계 마련을 통해 군에 대한 자긍심 고취 및 사회진출 기회 확대에 기여 ■ 조치사항(행정자치부) – 장병들의 군 복무기간 재난구호 등 봉사활동에 대한 공식 인증방안 마련	– 군 복무기간 중 사회봉사활동 여부는 부대별특성과 위치에 따라 여건 상이 – 형평성 차원에서 인증제도보다는 현재 개선중인 '군복무 역량인정서'에 사회봉사활동을 기록하는 것으로 추진

정책 개선과제 예산반영 소요(안)

[단위 억 원]

사 업 명	'16년 (A)	'17년 (B)	'18년 (C)	총 금액 (A+B+C)	비 고
계	281.42	311.86	284.19	878.47	
②-(3) 현역복무 부적격자 선별 강화 방안 강구 (징병전담 정신과 군의관 증원)	38.3	38.3	38.3	114.9	※병무청 예산(114.9억원) 별도 편성 *임상심리사 등 인력 증원
②-(4) 체계적이고 과학적인 그린캠프 운영 (연구용역)	17.0	-	-	17.0	• 연구용역, 중·장기 계획 판단(3억) • 시설개선(14억)
③-(1) 군 성폭력 실태조사 정례화 (3년단위)	1.8	-	-	1.8	※여가부 예산(1.8억원) 별도편성 추진 *'15년 사전 준비 예산 : 0.31억원
③-(3) 성인지력 향상 교육 확대·강화	7.8	8.2	8.5	24.5	• 성폭력 예방 교육 시행 (핵심계층은 토의식 교육 진행) • 중장기적으로 지속적인 맞춤형 교육 추진 및 다양한 교육 컨텐츠 개발
④-(1) 군 병원 기능 및 군 의료 진료과목 조정 (연구용역 : 필요 전공과목)	15.5	38.4	-	53.9	• 연구 용역 예산(0.3억) • 시범사업 병원 시설 및 장비비(46 억)
④-(4) 의무지원인력 확보(의무부사관 증원, 위탁교육 확대, 간호군무원 증원 등)	12.9	12.9	12.9	38.7	• 의무부사관 (응급구조사 등 44명) : 6.5억, 의무군무원 (치위생사 등 46명) : 6.4억
④-(6) 격오지 원격진료 타당성 검토(시범운영 후 타당성 결정)	1.0	1.0	1.0	3.0	• 격오지 40개소 시범사업('15년) • 시범사업 후 확대 여부 및 규모 결정
⑤-(1) 병 비전설계 상담 및 리더십 교육 (비전설계 상담프로그램 개발, 복무단계별 리더십 프로그램 시행)	29.2	29.2	29.2	87.6	• '15년 : 육군 전부대 실시, 해·공군·해병대 각군 시범사업 수행 • '16년 : 전군 확대 교육 시행 • '17년 이후 : 병 리더십교육 지속 추진

사 업 명	'16년 (A)	'17년 (B)	'18년 (C)	총 금액 (A+B+C)	비 고
⑦ - (4) 군 독서문화 확대방안 강구(독서카페 설치)	17.8	28.7	23.6	70.1	• 독서카페 : 소대급 규모의 격오지 부대 1,220개소(1개소당 575만원)
	30.0	35.0	40.0	105	※독서코칭프로그램 (문체부 협업) : 105.0억원 별도 반영
	100.1	111.3	120.8	332.2	• 진중문고,정기간행물 보급확대, 병영도서관 운영비 및 도서구입비 등 지원 확대
⑦ - (5) 국방 재능기부은행 설립	0.9	0.9	0.9	2.7	• 실습물품구입비 등 부대별 국방 재능기부은행 운영비 반영
⑦ - (6) 군 다문화 장병 증가 대비책 강구	0.82	0.66	0.69	2.17	• '15년 : 다문화 이해교육 및 행사 수행 • '16년 : 다문화 이해교육, 행사 및 교육교재 개발 수행 • '17년 이후 : 다문화 이해교육 및 행사 수행
⑦ - (7) 지역사회와 연계한 민관 군체육활동 적극시행	7.3	7.3	7.3	21.9	• 부대개방 행사비와 연계하여 추진 • 육군 : 453개 부대, 해군 : 128개 부대, 해병대 :16개 부대, 공군 : 133개 부대
⑦ - (8) 성실복무 병에 대한 보상방안 추진	1.0	-	1.0	2.0	• 재도입 추가 논리 개발을 위한 연구 용역(여론조사 포함) • 대국민 공감대 형성을 위한 세미나 개최 등

정책개선과제 법령정비 소요(안)

과 제 명	제(개)정 대상 법률	제개정 내용
① - (1), (2), (3) 군사법원 · 관할관제도 · 심판관제도 폐지	○군사법원법	- 군사법원법은 이를 폐지한다.
② - (3) 현역복무 부적격자 선별 강화 방안 강구	○병역법 개정 (별첨 : 정안조문대비표)	- 입영 신체검사 기간 현행 5일에서 7일로 연장 - 동일 질병 사유로 재귀가 금지조항 개정
③ - (4) 성폭력 가해자에 대한 제재 강화 및 외부전문가 징계위원회 참여	○군인사법 개정 (별첨 : 정안조문대비표)	- 임용결격사유 추가 (성폭력으로 인한 벌금형) * 국가공무원법 개정과 연계
	○제대군인 지원에 관한 법률 개정 (별첨 : 정안조문대비표)	- 성폭력 처벌로 인한 제적 (파면, 해임) 시 군 복지혜택 박탈 확대
③ - (7) 전문조력인 확대 등 성폭력 피해자 보호 강화	○군인사법 개정 (별첨 : 정안조문대비표)	- 성폭력 피해자에 대한 휴직 신설
⑥ - (1) 군 옴부즈만 제도 도입	○군 인권보호관 설치 · 운영에 관한 법률(가칭) 제정	- 국방부 외 국회, 총리실, 국가인권위원회 중 독립성이 보장될 수 있는 기관에 설치 - 자료요구권, 불시방문조사권, 긴급구제조치 등 권고 - 정기/수시 국방위 등 보고

「군인사법 일부개정법률안」

현 행	개 정 안
제10조(결격사유 등) ① (생 략)	제10조(결격사유 등) ① (현행과 같음)
② 다음 각 호의 어느 하나에 해당하는 사람은 장교, 준사관 및 부사관으로 임용될 수 없다. 1. ~ 8. (생 략) 〈신 설〉	② ───────────────────────── ──────────────────────── ──────────. 1. ~ 8. (현행과 같음) 9.「성폭력 범죄의 처벌 등에 관한 특례법」제2조의 성폭력범죄로 벌금형 이상의 형을 선고받은 사람
③ (생 략)	③ (현행과 같음)
제48조(휴직) ① 장교, 준사관 및 부사관이 다음 각 호의 어느 하나에 해당하면 임용권자는 휴직을 명하여야 한다.	제48조(휴직) ① ────────────── ──────────────────────── ──────────────.
1. 전상·공상을 제외한 심신장애로 인하여 6개월 이상 근무하지 못하게 되었을 때 〈단서 신설〉	1. ────────────────────── ────── ────── 다만, 성폭력 피해자는 6개월 미만이어도 피해자가 희망하는 경우
2. (생 략)	2. (현행과 같음)
② ~ ⑧ (생 략)	② ~ ⑧ (현행과 같음)

「병역법 일부개정법률안」

현 행	개 정 안
제17조(현역병입영신체검사 및 귀가) ① 입영부대의 장은 현역병입영 대상자가 입영하면 입영한 날부터 <u>5일</u> 이내에 신체검사를 하여야 한다.	제17조(현역병입영신체검사 및 귀가) ① ──────────────── ──────────────── <u>7일</u> ── ──── ────────.
② · ③ (생 략)	② · ③ (현행과 같음)
④ <u>입영부대의 장은 제3항 본문에 따라 재신체검사를 받고 다시 입영한 사람을 같은 질병 또는 심신장애를 이유로 귀가시켜서는 아니 된다. 다만, 재신체검사를 받은 날부터 6개월이 경과된 사람에 대하여는 그러하지 아니하다.</u>	④ 〈삭 제〉

「제대군인지원에 관한 법률 일부개정법률안」

현 행	개 정 안
제25조(법 적용대상으로부터의 배제) ① 국가보훈처장은 이 법을 적용받고 있거나 적용받을 제대군인이 다음 각 호의 어느 하나에 해당하면 이 법의 적용대상에서 제외한다.	제25조(법 적용대상으로부터의 배제) ① ──.
1. ~ 4. (생 략)	1. ~ 4. (현행과 같음)
〈신 설〉	5.「성폭력범죄의 처벌 등에 관한 특례법」제3조부터 제10조까지 및 제15조(제3조부터 제9조까지의 미수범으로 한정한다)의 죄를 범하여 제적(파면, 해임)된 사람
②·③ (생 략)	②·③ (현행과 같음)

국방부 추가 검토 과제

지금까지 발굴 된 과제 중 내용 보완이 필요하거나 관계부처 이견 등으로 추가 검토가 필요한 과제로 향후 계속 논의가 필요한 과제입니다.

(1) 현역판정 및 부대배치시 체력측정 도입 검토
추가 논의 사유 : 부처 이견 (국방부, 병무청)

■ 필요성 및 기대효과
 - 의무자의 체격은 좋아진 반면, 체력은 떨어져 강도 높은 교육훈련 등을 체력적으로 소화하지 못하는 등 부적응 문제 발생
 - 징병검사 시 체력측정 도입에 대한 검토 필요
 - 입대장병 체력을 특기부여 및 부대배치에 반영하고, 체계적인 체력훈련으로 체력허약에 따른 군복무 부적응과 부대원간 갈등 요인 제거

■ 조치 사항
 - 현역판정 시 체력측정 도입
   · 국방부, 육군 등 관련기관 협조
   · 병역법 등 관련법령 정비
   · 필요 시 정책연구용역 추진방안 강구
     * 체력 측정 합격 기준, 고의적 체력 미달 시도 방지 방안 검토 등
 - 부대배치시 및 특기부여시 체력측정 반영
   · 현재 추진 중인 체력측정 시범적용 결과 최종 분석 및 평가 후 확대 시행

(2) 입대장병 국민건강보험 유지방안 강구

추가 논의 사유 : 부처 이견 (국방부, 보건복지부)

- ■ 필요성 및 기대효과
  - 군 입대 전에 받던 건강보험 혜택을 군 입대 후에도 유지하도록 함으로써 장병들의 건강보험혜택 확대 필요

- ■ 조치사항(보건복지부/국방부)
  - 법개정 : 「국민건강보험법」

(3) 예방접종 기록 DB 구축

추가 논의 사유 : 부처 이견 (보건복지부)

- ■ 필요성 및 기대효과
  - 현재 군 장병을 대상으로 7종의 예방접종을 수행하고 있으나, 예방접종이력을 관리하는 시스템의 부재로 전역후 중복접종 사례 발생
  - 군 예방접종 이력을 관리하는 전산등록 시스템을 구축할 경우 불필요한 예방접종을 방지하고, 전역 후 민간에서 지속 활용하여 평생 예방접종 이력 관리 가능
- ■ 조치사항(국방부/보건복지부)
  - 2016년 사단급 DEMIS 성능 개선 시 예방접종 이력 시스템 구축
    * 참고 : '14~'16년 사단급 DEMIS 성능개선 관련 예산(68.3억원)
  - 질병관리본부에서 군인의 입대 전 예방접종 이력을 받아서 DEMIS에 업로드 시키고, 군에서 예방접종 받을 때마다 등록한 후 제대할 때 예방접종 이력을 질병관리 본부에 전달하여 지속 활용

(4) 군 중증외상센터 설립 재검토

추가 논의 사유 : 부처 이견 (국방부, 기획재정부, 보건복지부)

- **필요성 및 기대효과**
    - 동일권역 내 국립중앙의료원·아주대병원이 보건복지부 주관의 권역외상센터 대상병원으로 선정되어 중증외상센터에 대한 국가 예산 중복 투자에 대한 논란 상존
    - 군 중증외상센터를 운영할 경우 매년 적자가 예상되므로 이에 대한 구체적인 예산확보 실천계획 마련 및 군 외상센터의 운영방식(위탁운영, 협력병원 운영, 부속병원 등) 검토

- **조치 사항(국방부/기획재정부/분당서울대병원)**
    - 군 중증외상센터 운영비(매년 150억원)확보 방안 강구
        * 기획재정부 등 관련 부처와 사전협의
    - 분당서울대병원과 협력체계 강화 및 운영방식 체계 정립
        * 군병원 전공의 수련 및 교육 기회 제공 확대
        * 중증외상센터는 분당서울대병원과 공동운영을 하는 체계이므로 인력·예산 등에 대한 세부적인 운영 방식 사전 정립
        * 중증외상센터 배후병원으로서의 수도병원과 협력체계 마련
    - 안정적 중증외상센터 운영을 위한 제도 정비
        * 누군 의료 진료 대상자 확대 및 민간인 개방을 위한 '국방환자관리훈령' 및 '국군수도병원 외래인 출입통제 규정' 등 관련 규정 정비 검토
        * 군 중증외상센터의 설립 및 운영체계 타당성 등에 대하여는 소관위원회인 국방위원회의 추가 검토 필요

(5) 여군의 복무실상에 대한 지속적 점검

추가 논의 사유 : 부처 이견 (여성가족부)

- **필요성 및 기대효과**
    - 여군 1만명 시대에 맞춰 여군들의 인권 개선과 병영문화 혁신을 위해 여군의

복무실상을 지속적으로 점검 필요
　　- 여군들의 직업안정성 보장과 각종 인권사고의 사전예방에 기여

- 조치사항(국방부/여성가족부)
　　- 각 군 및 여성가족부 내에 여군 복무실상 확인부서 신설

(6) 군 공중전화 요금 부과제도 개선

추가 논의 사유 : 부처 이견 (미래창조과학부)

- 필요성 및 기대효과
　　- 장병들의 봉급대비 고비용의 전화요금 부과로 실질적인 외부와의 소통수단인 공중 전화사용에 대한 부담 증가
　　- 장병들의 내·외부 소통 여건 개선을 위한 저렴한 요금의 공중전화 이용환경 제공으로 활기찬 병영문화 정착 및 복지 향상
- 조치사항(국방부 정보통신기반체계과/미래창조과학부)
　　- 군 공중전화 요금·과금 체계 개선 방안 마련('15년)

- 필요성 및 기대효과
　　- 여군 1만명 시대에 맞춰 여군들의 인권 개선과 병영문화 혁신을 위해 여군의 복무실상을 지속적으로 점검 필요
　　- 여군들의 직업안정성 보장과 각종 인권사고의 사전예방에 기여
- 조치사항(국방부/여성가족부)
　　- 각 군 및 여성가족부 내에 여군 복무실상 확인부서 신설

(7) 장병 주소지 관할부대로 이전 및 교부세 산정기준 상향조정

추가 논의 사유 : 부처 이견 (안전행정부)

- 필요성 및 기대효과
　　- 장병 주소지를 관할부대로 이전함으로써 해당 지방자치단체는 인원수에 비례

하여 중앙정부로부터 교부세를 확대지급할 필요
  ※ 병사의 경우 주소지 이전이 불가능하다면 군인의 수를 기준으로 지급하고 있는 교부세 산정기준 상향조정 검토 필요
- 증가된 교부세는 장병 시설개선을 위한 용도로 사용하도록 함으로써 병영문화 혁신에 기여

- 조치사항(행정자치부)
  - 주민등록법 제6조제2항 개정
    * 주민등록법 제6조제2항
    "영내에 기거하는 군인은 그가 속한 세대의 거주지에서 본인이나 세대주의 신고에 따라 등록하여야 한다."
  - 지방교부세법 시행령 개정
    군인의 수를 기준으로 지급하고 있는 교부세 산정기준 상향조정 검토
  - 장병주소지 등록 등으로 인한 교부세 배분 증가액은 병영시설개선 사업에 사용하도록 할 것

(8) 부사관 후보생 봉급 상향 조정

추가 논의 사유 : 부처 이견 (국방부)

- 필요성 및 기대효과
  - 병 봉급인상 대비 부사관 후보생 봉급 인상율 저조로 봉급 역전 현상 발생
    *'15년 병장 봉급 : 171,400원 / 부사관 후보생 봉급 : 142,600원
  - 부사관후보생의 법적신분(부사관 다음)을 고려, 적정 대우 필요

- 조치사항
  - 법개정 : 공무원 보수규정(인사혁신처)
  - 예산반영 : '16년 추가 소요예산 18.5억

    * 처우개선율 적용시 부사관후보생-병 봉급 격차 및 조정안('16-20 중기계획

[단위: 원]

구분	'14년	'15년	'16년	'17년	'18년	'19년	'20년
병장	149,000	171,400	197,100	216,800	226,900	237,500	248,600
부사관 후보생	136,500	142,900	149,900	157,200	164,900	173,000	181,500
차이	△12,500	△28,500	△47,200	△59,600	△62,000	△64,500	△67,100
조정(안)			200,100	220,100	230,400	241,100	252,300
증가율			40%	10%	4.7%	4.6%	4.6%

- 기타사항
  - '16년 처우개선 소요 제기시 인사혁신처 / 기재부 협조

(9) 군 급식재료 구매방법 개선

추가 논의 사유 : 부처 이견 (국방부)

- **필요성 및 기대효과**
  - 농축수산물의 경우 가격변동성이 매우 큼에도 불구, 농축수산물 계약 협의 단가는 1년 단위로 설정되어 있어 군급식 운영의 탄력성이 제한되고 있음
    * 국가를 당사자로 하는 계약에 관한 법률 시행령 제64조에 따라 계약 90일 후, 가격변동 3%이상일 때 수정계약할 수 있음을 규정
  - 현지부대장에게 가격변동에 따라 탄력적으로 계약·집행할 수 있도록 제도를 개선하여, 예산 절감 및 급식질을 높이는 방안 검토 필요

- **조치사항(국방부/방위사업청/육해공군)**
  - 방위사업청 및 각 군 의견 수렴 및 법령 검토 후 정책결정

(10) 장군 대상 기업 임원과 함께 하는 고위정책과정 운용

추가 논의 사유 : 부처 이견 (국방부)

- 필요성 및 기대효과
    - 기업 임원과 함께하는 「민간대학 정책과정교육」 적용으로 창의와 혁신에 대한 인식 제고 및 정책마인드 함양
    - 「장군단 워크샵」 추가 시행, 한국학연구원 프로그램 적용 및 최신예 신세대 추종 강사섭외 등으로 인문학적 접근 실효성 증대 및 사회(부하)와의 소통안목 확대

- 조치사항
    - 계룡대지역 : 미래안보 전략기술 최고위과정운영(제2기: '14.11월~'15.3월)
        - 주관 / 대상 : 서울대 공과대학 / 장성 40명, 민간CEO 40명
    - 재경지역 : 서울대 안보최고경영자과정 운영(제5기: '15.5월~11월)
        - 주관 / 대상 : 서울대 경영대학 / 장성 25명, 민간CEO 25명
    - 주기적인 「장군단 워크샵」 추진
        - 한국학연구원 프로그램 등 인문학 강좌 및 최신예 신세대 추종 강사 포함

(11) 공군조종사 조기전역 방지대책 강구

추가 논의 사유 : 부처 이견 (국방부)

- 필요성 및 기대효과
    - 숙련급 조종사의 안정적 인력운영을 위한 조기전역 방지대책 강구 필요
    - '09년 부터 국회와 범정부 차원의 관심과 지원으로 「숙련급 조종사 유출방지 대책」을 적극 추진한 결과, 전역인원이 감소하고 있음.
        * 유출방지 대책 추진과제 11개 중 8개과제 완료, 3개 과제 추진 중
    - 향후, 숙련급 조종사 관리대책을 지속 추진하여 공군 전투력 유지 보장

- 조치사항
    ① 지방근무 조종사용 재경지역 관사 신축 : '17. 9월 완공예정
    ② 연장복무 장려수당(장려수당 9호) 지급확대 : '16년 부터 반영 추진(2.5억원)
        * 임관 16년차~21년차 → 임관 22~26년차까지 추가 확대 / 월 100만원
    ③ 조종사 항공수당 인상 : '19년까지 항공수당 3년주기 10% 인상

감 사 의 글 (에필로그)

먼저, 바쁘신 의정활동에도 軍에 대한 관심과 애정으로 특위에 기꺼이 참여하시어, 병영문화의 본질적인 변화를 위해 노력해 오신 정병국 위원장님을 비롯한 특위 위원님들께 진심으로 감사의 말씀을 드립니다.

지난해 11월 1일 출범한 특위는 그동안 총 12회의 전체회의를 포함하여 국민토론회, 간담회, 그리고 수차례의 현장방문에 이르기까지 병영문화 혁신을 위해 쉼 없는 발걸음을 이어왔습니다. 이런 노력들이 밀알이 되어 이제 희망적인 변화가 조금씩 싹트고 있습니다. 한 예로, 군 생활 도중 스스로 생을 저버리는 안타까운 일들이 점차 감소되고 있는 추세입니다. 21세기 대한민국 위상에 걸맞은 병영문화로 발전시키겠다는 특위 위원님들의 열정과 신념이 있었기에 가능했다고 생각합니다.

주지하시는 바와 같이, 현재의 병영문화 혁신은 과거 몇 차례 있었던 개선 노력과는 분명한 차별성이 있습니다. 軍 자체의 노력을 넘어서 범정부적 차원에서 대책을 마련하기 위해 노력해 왔을 뿐만 아니라, 단기적 처방이 아닌 지속적인 혁신을 위해 관련 법규와 제도를 개선하는데도 주안을 두었다는 점에 의미를 부여할 수 있을 것입니다.

이런 의미에서 병영문화 혁신은 위기를 모면하기 위한 '보여주기식' 대책이 아니라, 軍의 염원이자 모두가 생각하던 바를 실현하는 본질적 변화를 추구하는 것이라 하겠습니다.

일찍이 노자(老子)는, "무릇 사랑하는 마음으로 전쟁에 임하면 승리한다(夫慈以戰則勝)"고 말했습니다. 국민의 사랑을 받고 조국을 사랑하며 부대를 사랑하고 전우를 사랑하는 軍은 항상 이긴다는 의미일 것입니다.

이번에 발간되는 활동집에는 그러한 국민의 사랑과, 부대에 대한 사랑, 전우의 사랑 속에 軍이 강한 군대로 발전하기 위한 생생한 목소리가 고스란히 담겨져 있습니다. 우리 군은 이를 나침반 삼아 병영문화의 패러다임을 바꾸고, 나아가 정예화된 선진강군 육성에 매진할 것입니다.

지난 9개월 동안 軍의 발전을 위해 정성을 다해주신 특위 위원님들의 노고에 다시 한 번 감사의 말씀을 드리며, 앞으로도 애정 어린 비판과 격려로 국방의 든든한 후원자가 되어 주시기를 소망합니다.

감사합니다.

2015년 7월
국방부장관 한민구

국민과 함께라면 든든하군

초판발행	2015년 7월 30일
초판인쇄	2015년 7월 27일
지 은 이	국회 군 인권개선 및 병영문화혁신 특별위원회
펴 낸 이	송진경
펴 낸 곳	커뮤니케이션 공감
주　　소	서울시 마포구 독막로18길 12, 201
등록번호	제2013-000094호
등록일자	2013년 3월 27일
디 자 인	커뮤니케이션 공감
I S B N	979-11-951098-3-8
가　　격	12,000

ⓒ 2015 국회 군 인권개선 및 병영문화혁신 특별위원회

이 책의 수익금은 '병영독서카페 기증 릴레이'에 사용 됩니다.

이 책은 저작권법에 의해 한국 내에서 보호를 받는 저작물이므로 무단 전재와 복제를 금합니다.
잘못된 책은 바꾸어 드립니다.